平凡社新書
934

福島で酒をつくりたい

「磐城壽《いわきことぶき》」復活の軌跡

上野敏彦
UENO TOSHIHIKO

HEIBONSHA

福島で酒をつくりたい●目次

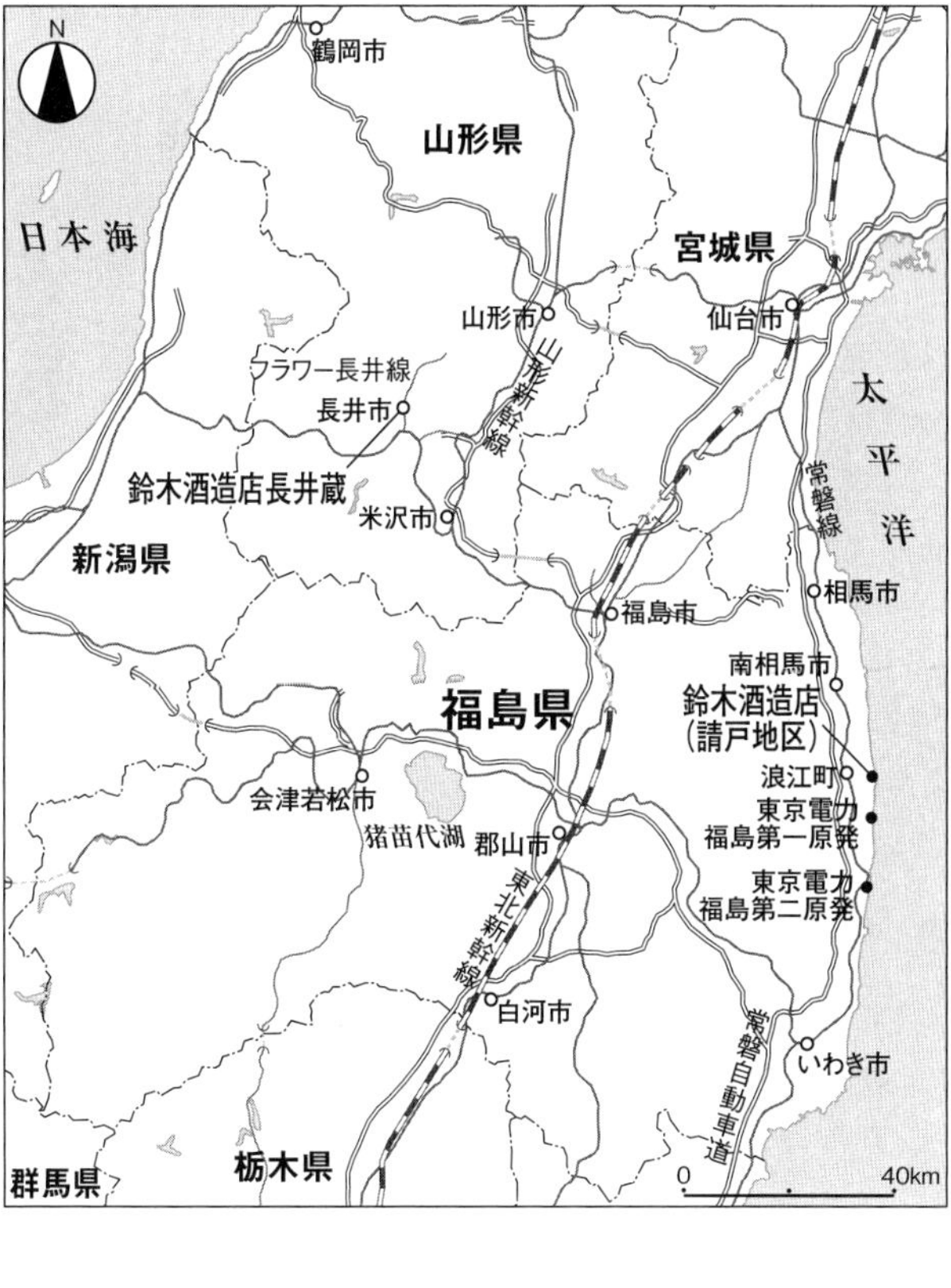
N
鶴岡市
山形県
日本海
宮城県
山形市
仙台市
山形新幹線
フラワー長井線
長井市
太平洋
鈴木酒造店長井蔵
常磐線
米沢市
新潟県
相馬市
福島市
南相馬市
福島県
鈴木酒造店
(請戸地区)
浪江町
会津若松市
東京電力
福島第一原発
猪苗代湖
郡山市
東京電力
福島第二原発
東北新幹線
白河市
常磐自動車道
いわき市
栃木県
群馬県
0
40km

序章

奇跡のスピード再生

東日本大震災に遭う前の鈴木酒造店。2011年1月、福島県浪江町請戸。池田酒店提供

「甦る」は「更に生きる」

九州の宮崎市から東北の山形県長井市への真冬の旅は、同じ日本列島の中を移動しているのかと思うくらい、温度の違いを肌で感じるものだった。

二〇一九（平成三十一）年の正月明けまもない、一月十七日もそんな一日だった。

宮崎空港から羽田に飛んで、好物の崎陽軒のシウマイ弁当を手に入れてから、東京駅で東北新幹線に乗り換える。福島から山形新幹線に入り、米沢に近づいて車窓に雪景色が流れるようになると、前年の三月に長井を訪ねた時のことが色鮮やかに思い出されてくるのであった。

甦《よみがえ》る
長い夜も
悲しみは糧となり
美しきさわのはな
この心に強く咲いて

甦る
あの日の影
懐かしき友の声
この胸に生きている
忘れないで忘れないよ

いつの日か人は還る
あの町へ馳せる想い
醸し出す夢の果てに
沢山の人の笑顔

東日本大震災の発生から七年がたつ二〇一八（平成三十）年の三月十一日――。

この日の夕刻、雪がまだ多く残る山形県長井市の中央会館では鈴木酒造店が醸《かも》す復興支援酒「甦る」の新酒試飲会が開かれていたのだった。

ゆったりした独特のリズムに乗って、その名も「甦る」という曲を一語一語を澄んだ声で歌い上げるのは福島県郡山市出身のシンガー伊東和哉で、バックギターはベテラン上野哲生が受け持った。

会場に集まった約五十人の市民は映像作家の坂本博紀が撮りためた田植えや酒の仕込み場面を見て、深く感銘を受けているのだった。

「甦る」は、字を分解すれば『更』に『生』きる」と書くこともできる。

震災の犠牲になった人たちの分まで「生きること」を意識したネーミングで、元々は鈴木酒造店が長井市で譲り受けた廃業蔵の東洋酒造が造っていた酒の銘柄だ。

「思いやりと心意気の輪は限りなく」

これを合言葉に震災避難者と受け入れ先の長井市民が田植えから刈り入れまで力を合わせて育ててきた「さわのはな」。この米を使って醸した「甦る」の新酒を毎年震災の日に発売して、その売り上げ金の一部は東京電力福島第一原発事故の避難児童・生徒の支援にも充ててきた。

震災から八か月後に酒造りを再開

鈴木酒造店は江戸・天保年間の創業で、廻船問屋を営んできた歴史を持つ。福島県浪江《なみえ》町で鈴木大介、荘司兄弟と父親の市夫、スミヱ夫妻ら家族で醸す五百石の小さな蔵だが、「磐城《いわき》 壽《ことぶき》」という漁師が好む男酒を造ることで全国の酒販店からも注目される存在だった。

酒と食の専門誌『dancyu』の二〇一七（平成二十九）年三月号が全国の酒販店から推薦された「魚と合う日本酒」百二十四本のうち、ベストオブ魚酒として選んだのが「磐城壽」のアカガネという山廃純米酒だった。

「ぐわーっ、何コレ？　舌が魚を求める感じ！」

という見出しで紹介されたこの酒は、雄町米の甘味と複雑な旨味があらゆる魚の味をしっかりと受け止めるのだという。

「絶対、焼き魚！」

「いや、僕は刺身でいきたいですよ」

「意外とスルメじゃないですか⁉」

呑んだ途端にテイスター陣から静かな興奮が伝わってきたと記されている。

温めた燗酒、そのままの常温、冷蔵庫に入れた冷やの、どの呑み方でも合うように醸造されているのも磐城壽の特徴だ。

蔵のすぐ脇が漁港ということで、鈴木酒造店は日本で一番海に近い酒蔵とも呼ばれたが、当然のことながら震災による津波の直撃を真っ先に受けることになる。

震災に見舞われたこの日は製造の一区切りがつく「甑倒《こしき》し」に当たっており、大介の母スミヱが飛び切り新鮮なアンコウを一匹丸ごと買ってきて宴の用意をしていたという。

蔵のわずか七キロ先には東京電力の原子力発電所があるため、一家は放射能汚染から身を守るため、阿武隈《あぶくま》高地を越えて山形県米沢市へ緊急避難する。

地元の消防団員でもあった大介は津波にのまれた人を救おうとしたがかなわず、浪江町だけでも百八十二人が帰らぬ人となった。

米沢へ向かう途中、疲れきった浪江の人々から「またいつかお前の造る『磐城壽』を呑みたい」と言われたことが、一家の酒造りへの原動力となっていく。

米沢では大介の東京農業大学時代の同級生で、「雅山流《がさんりゅう》」を醸す新藤雅信の世話になったが、会津若松技術支援センターの鈴木賢二へ蔵付き酵母を預けておいたことも酒蔵復興への引き金となる。

最終的に浪江から北西へ百十キロ離れた長井市で廃業した酒蔵を買い取り、この年の十一月三日に酒造りを再開し、翌月十九日には造った酒を出荷した。

震災に遭ってわずか八か月後に再開という奇跡のスピードドラマだった。

酒は人と人を結びつける力水

江戸時代、最上川舟運《しゅううん》の港町として栄えた長井市は、古い木造の家並みが今も随所に残る。そんな町のいたるところを石積みの水路が走り、夏には梅花藻《ばいかも》の白い花がゆらめき、

冬の酒蔵。長井は町のいたるところを水が流れる

そのわきをアユが走り抜ける。

家庭の生ごみを堆肥《たいひ》にして安全な農産物を作り出すレインボープランという循環型農法を実践している。

長井市は「水と緑と花のまち」とも呼ばれる有機農業の先進地で、鈴木一家は「さわのはな」という地元産の幻の米を使って酒造りをするように薦められた。

浪江の蔵の井戸水は海が近いためミネラル分も多く混じる硬水だったのに比べ、長井のそれは超軟水。水が違えば酒造りの技術は全く異なるが、鈴木大介と荘司の兄弟はその困難を克服し、浪江時代の「磐城壽」をほぼ再現させると同時に、地元のコメを使って「甦る」という膨らみのある純米吟醸酒を完成させた。

震災から七年のこの日の集まりは鈴木一家が長井の人々に感謝し、その「甦る」の出来具合を心ゆくまで楽しんでもらおうと企画した試飲会だったのである。

震災犠牲者へ一分間の黙とうを捧げた後、長井市長・内谷重治の挨拶に続いて、鈴木大介が「何かの糸で長井へ手繰《たぐ》り寄せられたように思います」としんみりと語り、次のように続けた。

「浪江の私の住んでいた地区では今でも十数人の行方が分かりません。初めはどうしても前向きな気持ちになれなかったが、お前の酒をどうしても飲みたいと言ってくれる人がいてその気になり、長井へ来て七年がたちました。

皆さんに温かく迎えていただいて感謝しています。酒には人と人の縁を起こし、温め、つなげる力がある。

酒は力水《ちからみず》とも呼べるので、この場で乾杯して次の一年に向けて頑張りたいと思います」

生産者農家を代表してレインボープランの実践者でもある竹田義一は「鈴木さんの蔵に長井へ来てもらって、共に生きることの幸せを感じている。さわのはなは酒米ではなくて本来食用米として開発されたコメで、それを使っておいしい酒を醸してくれた。金賞受賞酒まで造ってくれ市民としても誇りに思っている」と語った。

「甦る」と同様に旧東洋酒造が造っていた「一生幸福」が前年の五月に日本酒の全国新酒

鑑評会で金賞受賞の栄冠に輝いたのだ。

右端が献杯酒のゴールデンスランバ

新酒試飲会のこの場でふるまわれた酒は、「甦る」の他に「ゴールデンスランバ」と純米吟醸酒の「ランドマーク」があった。

ゴールデンスランバは震災の犠牲者に献杯するために福島市産の酒米「夢の香」で醸した純米吟醸酒で、太平洋側の漁村で信仰される安《あん》波《ば》様《さま》とビートルズの名曲「ゴールデン・スランバー」にちなむ。

「かつてそこには故郷へと続く道があった」という歌詞があったからだ。鈴木大介と蔵人経験もある宮城県気仙沼市出身の酒販店経営熊谷太郎がアイデアを出し合って、甘味と酸味のバランスが良い酒に仕上げた。

一方のランドマークは震災後の二〇一四（平成二十六）年に浪江町で放射能汚染の影響がないか

を調べるため栽培を始め、安全が確認されたコシヒカリと浪江からタンクローリーで運んだ上水道の原水を使って長井で醸した酒である。

震災七年目にして地元浪江の米と水、そして酵母がようやくそろって大きな一歩を踏み出したということで、「道標」の意味でランドマークと命名したのだという。

いつの日にか、震災で奪われた青い空ときれいな水、稲のよく育つ土地を取り返したい、との思いもにじむ。

いろいろな意味で大きな節目を迎えたこの日の集まりに最も参加したかったが、果たせなかったのが横田郁夫と鈴木貴子の夫婦である。

東京の下町、葛飾区の京成金町駅前の商店街で十三年前から「かもし処ひょん」というカウンター九席の小さな居酒屋を営んでおり、二人は鈴木大介がかつて通っていた福島県立双葉高校の同級生であった。

この店ではいつも「磐城壽」の純米酒から本醸造までほぼ全銘柄をそろえ、故郷・浪江を思わせるイワシのナメロウやシラウオの刺身など海の幸の数々をつまみに出して好評だ。

二人は実家も震災で被災しているだけに、大介との連帯意識も強く長井で新しい蔵を立ち上げるや、支援の募金を呼びかけるとともに常連客でバスを一台借り切って福島や長井の田植えや稲刈りの際にはせ参じている。時に酒の仕込みも手伝ってきた。

グラフィックデザインの仕事もしている貴子は鈴木酒造店の酒のラベルのデザインも受け持ってきた。

酒は人と人を結びつける力水、と先に鈴木大介の言葉を紹介したが、未曽有の体験をした一家が震災から奇跡の再生をしていく陰には、多くの友人知人による支援の数々があったことはいうまでもない。（敬称略＝本文、写真説明とも）

第一章
震災後の決断

鈴木酒造店の跡地から東京電力福島第一原子力発電所を望む。2014年９月

築二百年近い古い蔵

福島県浪江町の請戸《うけど》地区は太平洋に面したのどかな農漁村である。

県庁所在地の福島市から約七十キロ離れており、福島県の最東端に位置するため、請戸海岸はハワイからの波が日本で最初に届くサーフィンスポットとしても知られる。「福島でアメリカに一番近いところ」と浪江が冗談交じりに紹介される所以《ゆえん》でもある。

ヒラメやカレイ、スズキなどの高級魚を日帰りで取る近海漁業が盛んで、漁師が一人で操る伝馬船も含め請戸漁港には約百隻の漁船が係留されていた。

そんな海からの波しぶきを浴びるところに建つ鈴木酒造店に、東日本大震災による巨大な津波が襲来したのは二〇一一（平成二十三）年三月十一日の午後三時半すぎのことだった。

天気は晴れていたが、この季節特有の冷たい西風が吹いていた。

この日、鈴木酒造では酒造りで一区切りとなる「甑《こしき》倒し」の日を迎えており、慰労を兼ねたささやかな酒宴の準備を進めていて、蔵人たちも作業を早めに切り上げようとしていた。

本来ならアンコウのどぶ汁や旬のシラウオの刺身を肴に、自分たちで醸した「磐城壽」

で一杯やる手はずだったのである。

「ところが、ドーンというすごい音が遠い沖の方から聞こえてきた。経験したことのないような地鳴りに驚き、酒蔵全体がグラグラ揺れ出したのであわてて外へ飛び出したのです。激しい揺れは長く続き、横倒しになった母屋の中から九十七歳になる祖母と母親を助け出し、隣家へ避難させるのがやっとだった。妻たち蔵にいた家族全員の無事を確認した時に防災無線の津波警報を聞いたのです」

と当時を振り返るのは鈴木酒造で杜氏《とうじ》を務める鈴木大介だ。


大介の弟荘司はこの時、酒造りの最終工程である発酵を終えた醪《もろみ》を絞る上槽《じょうそう》行程の酒袋を積み替える作業をしていた。

「酒蔵は築二百年近い古い建物なので、地震が来るときは、まずピシッと音がしてからグラグラッと来る。数日前から小さな地震が続いて起きていたので、この時もピシッと来たのでまたか、と思ったら、蔵の土壁や天井が揺れてバラバラと落ちてきた。外へ出ると、車が地面の上をボンボンと跳ねて土煙をたてていた。

揺れが収まるや、託児所に預けている四歳の娘みどりのところへ車を走らせた。地震が夜中に起きていたら、皆酒宴を済ませたあとで熟睡していて津波が来ても気づかず波にのまれていたかもしれない」と話す。

それでも、蔵の被害は母屋が倒れたほかは醪の入った二千リットルタンクが横倒しになったものの、新酒を詰めた瓶も無事だった。

三十年以内に九〇パーセント以上の確率で来るかもしれない宮城県沖地震に備えて、瓶詰した酒は倉庫にぎゅうぎゅうに詰め込んで倒れないようにしていたからだ。

大介が外へ出て堤防越しに海を見ると、海水がはるか沖まで引いていて、海底の磯の根の部分までがむき出しになっていたのは衝撃だった。

「これは大変なことになる」

一瞬緊張したのは、酒蔵から南へ七キロ離れたところに建つ東京電力福島第一原子力発電所の存在があったからだ。

「原発は海水を取り込んで、温排水を海へ放出することで運転が続く。海水がなくなれば原子炉は空焚《からだ》きのような状態になるのではないか」

と想像もつかない不安が脳裏をよぎったのだという。

本震が収まると消防団員でもある大介は小型のポンプ車に乗り、拡声器を持って、

「逃げてください、逃げてください。早く逃げなければ……津波がやって来るぞ」

と大声を出して町内を避難誘導に走り回った。

海岸線から二キロの距離にある高さ十数メートルの小高い丘、大平山のある辺りまで二度目の誘導をしようとしている時に、まさにその大津波が襲来した。

大介はその瞬間を、「黒くてものすごくデカイ波が地元のランドマークである高さ十五メートルほどの防風林の松を簡単になぎ倒していく。この世の光景とは思えなかった」と話した。

そして、次のように続けた。

「車は道路が渋滞して前に進めない。途中で車を乗り捨てて、周りの人に、早く逃げろ、丘へ登れと叫び続けた。

何人かを海水から引っ張り上げたが、目前まで波が来て多くの人がのまれてしまった。くつがたくさん浮いていたことも覚えている。一番気になった請戸小学校の子どもたちは大平山へ逃げて全員無事と後になって聞き、ほっとした」

「悔やんでも悔やみきれない」

この大津波で、大介の消防団仲間三人が死亡したのをはじめ、酒蔵近くの苕野《くさの》神社の宮司、鈴木澄夫夫妻ら四人も帰らぬ人となり、浪江町内だけでも人口約二万一千人の町民のうち百八十二人が犠牲になっている。

この日は福島県の相馬地域から双葉地域にかけての相双地方は、中学校の卒業式を終えて皆がホッと一息ついていた時だった。

請戸の沿岸部には漁師の立派な家が立ち並ぶ。東京電力による原発立地に伴う迷惑料としての漁業補償で建設されたもので、沖から戻った漁師が昼寝をしている時間帯でもあった。

東北地方で死者・不明者約二万人を出した東日本大震災――。

三月十一日、十四時四十六分。三陸沖を震源とするマグニチュード九・〇の巨大地震が東北を襲った。最大震度は七で、揺れは三分近く続いた。

犠牲者六千四百人余りを数えた一九九五（平成七）年の阪神・淡路大震災の記憶も冷めやらぬうちに、再び日本で悪夢の大災害が起きたのである。

岩手、宮城に比べて福島では東京電力の原発事故も加わったため、住民はより過酷な試練を強いられることになった。

津波の襲来から一夜明けた三月十二日の朝――。

浪江町内の海辺の地区では新築の民家も古い家もすべてが波にさらわれて流され、農地は冠水し、瓦礫が積み上がった。乗用車に混じってパトカーや消防車までが流れ着いた。

電柱はなぎ倒され、漁船が墓場に打ち上げられるなど、地震・津波の爪痕が次第に浮き

鈴木酒造店の近くにあった墓場。津波で漁船が漂着していた

彫りになってくる。

鈴木大介ら消防団員が行方不明者の救出と捜索に入ろうとすると、「原発の状態が不安定で危ない」ということで、十キロ圏外への避難指示が出され、それもかなわなくなった。

「この時、直ちに捜索を開始していたら、もっと多くの人を助け出すことも可能だったかもしれない。大災害が起きた時、七十二時間以内に救出に入ればそれが可能という先人の知恵があったのに、結局、一か月間現地へは出入りできなくなったのが本当に痛かった。

県警の捜索が再開された時、完熟堆肥を使って酒米を育ててもらっていた冨永敬記さん一家の六人が遺体となって発見された。

お孫さんは弟荘司の娘みどりの同級生でもあった。あんなにお世話になったのに、一家を救うこともできず、悔やんでも悔やみきれない。消防団員としては一生悔いが残ります」
と大介は後にこう述懐している。

鈴木大介の妹で東京都稲城市に住む中学校教師の小関淳子はこの日午前六時半ごろ、弟の荘司から「双葉町の叔母の所へ避難して今、朝めしを食べている。行動を別にしている兄貴とオヤジ以外は一緒にいて、皆無事だから安心してほしい」と電話をもらっている。

津波に襲われた晩、大介と父の市夫は浪江町の町営施設に臨時宿泊して翌日に備えていたから家族とは別行動になった。

市夫は請戸地区の区長という責任ある立場でもあったので、地区全体への気配りをしなければならなかった。

淳子は勤務先の中学で偶然にも災害避難訓練中に東北で大きな地震が起きたことを知り、テレビで津波が押し寄せる映像を見た瞬間、「イヤダーッ、これでは家族はもう誰も生きていないのでは」
と絶望的な気持ちになり、一瞬気を失いそうになった。

それでも懸命に夜通し浪江町の役場へ電話を入れ続けたが、避難者名簿にはおいの彦気《げんき》の名前しかなく、一晩中気をもんでいただけに、荘司から全員無事の連絡を受けた時にはようやく我に返れた、という。

防毒マスクの自衛隊

ところで、事態はさらに深刻な方向に向かって大きく動き出す。

この日午後三時半過ぎ、福島第一原発の一号機が突然水素爆発を起こし、請戸地区は立ち入りが規制されてしまう。

防護服を身にまとった自衛隊員らが請戸には出入りができないようにしたため、「貴重品や大事なものを取りに家へ帰りたい」と考えていた地区の多くの住民は自宅に戻ることもできなくなった。

着の身着のままの状態で、山間部にある津島地区まで避難を余儀なくさせられる。

鈴木一家は消防団員として行動する大介は単独行動。父親で鈴木酒造店社長の市夫と大介の弟・荘司と妻の康子、娘のみどり、大介の妻・裕子と息子の彦気、裕子の父親鶴島一夫らが二台の車に分乗して行動した。

大介の母スミヱと九十七歳になる祖母千代はこれより一足先に医療機関のある福島市へ市夫の弟敬三、妹孝子とともに避難していた。

普段は千五百人程が暮らす津島地区には八千人近くが詰めかけ、小中学校や公民館、お寺、一般民家に分宿する形となった。

室内に入りきれない町民は路上に止めた車の中ですごすことになるが、約二十センチの積雪があり、厳しく冷え込んだ。

炊き出しのおにぎりは一個を二人で分け合う形で、空腹と疲労に耐えるしかなかった。トイレが足りないので、役場の係員が山際にスコップで穴を掘り、裸電球を吊って、簡易トイレをつくると、長い行列ができた。

「原発は安全で、ミサイルを撃ち込まれても大丈夫とまで教えられてきたが、どうも話が違うようだ。これから先の生活はどうなるのか、全く見通せない。高齢で心臓が悪いばあちゃんを連れたまま長く避難所暮らしを続けるのには無理がある」

鈴木一家は話し合いの末、できるだけ遠くへ避難しようと、その日のうちに津島から阿武隈山地を越えて山形県の米沢市を目指すことにした。

米沢はライフラインが無事で、幸運なことに米沢駅前のビジネスホテルを二部屋、二日分予約できたからだった。

一行とは別行動を取っていた鈴木大介が翌十三日の早朝、米沢へ向かう途中、川俣町の避難所に立ち寄った時、広島の原爆病院のマークが付いた救急車が駐車場に待機しているのを目撃して、大変なショックを受けた。

「一体何が起きているのか、素人なりに事態を察することができた。おれたちの人生はもう終わったのではないか。浪江には永久に戻れないかもしれないと覚悟した」と当時を振り返る。

実はこのころ、浪江町からの避難先の各所に配置された警察官は全員防護服を身に着けていた。自衛隊員はさらに顔全体を覆う防毒マスクまでしていたのだから、避難現場には異様な雰囲気が漂っていた。

普段着姿の住民の間からは、

「一体、どういうことだ。何か大変な事態が起きているのではないか。我々にも分かるように説明してほしい」

と不安の声が一斉に上がったのも当然のことである。

酒造り再開のバネ

これは後日明らかになることだが、福島第一原発から拡散した放射性物質は西北へ二十キロ離れた、住民たちが避難した津島地区に向かって流れ出していることを緊急時迅速放射能影響予測ネットワークシステム（SPEEDI）が示していた。

こんな重要な情報がありながら、政府や福島県はその事実を地元の浪江町には一切伝えてこなかったのである。

SPEEDI（スピーディー）は政府が百三十億円という巨額な費用を投じてつくったコンピュータ・シミュレーションで、放射線量、地形、天候、風向きなどを入力すると、漏れた放射性物質がどこに流れるかをたちまち割り出す。

ところが、今回の重大事故発生について浪江町長の馬場有《たもつ》のところには原発事故関連の情報は、どこからも一切寄せられなかった。

馬場はテレビの映像を見て海辺から山間部へとシロウト判断で全町民に避難を指示するしかなかったが、そのルートが放射性物質の通り道だったと後に知らされるのは事故発生から二か月もたった後のことである。

浪江町は東京電力との間で一九九八（平成十）年に福島第一原発に異常事態が生じた場合、直ちに連絡を受ける通報協定を結んでいた。

「原子炉内にばんそうこうを落としました」

というようなささいなことまで声をかけてきたが、今回の最悪の事態について東電は一切声掛けをしてこなかった。

この点について馬場は事故から一か月半後謝罪に訪れた東京電力社長の清水正孝に、

「今ごろのこのこやって来られても、はらわたが煮えくりかえる思いだ。明らかに協定違反ではないか。いつも上から目線で我々を見ているから、こんな事態が起きるんだ」

と顔を真っ赤にして糾弾した。

SPEEDIの情報を公開しなかった理由について、政府幹部は「情報や知識を持たない一般大衆がパニックに陥るのを恐れたための判断だった」と後に釈明した。

福島県はそのデータを東京の原子力安全技術センターからメールで受け取りながら、うっかり削除していた。

県の担当課長は浪江町が役場機能を移していた二本松市の支所に釈明に訪れた際、馬場に、

「これは殺人罪ではないか」と詰め寄られると、

「すみませんでした」

と言って、涙を流して謝ったという。

こうした馬場の激しい態度に、

「日ごろは温厚で物静かな町長だったが、何よりも町民の気持ちを代弁してくれたからなのだろう」

と支援者の多くは肯定的に受け止めていた。

馬場有は「震災前は交流人口を増やす『町おこし』が重要なテーマだったが、今は町が存続するのか、なくなるのかという瀬戸際に立たされている。『町残し』をしなければならない」と語っていた。

浪江町民の生活を守ることだけを一心に考え、行動してきたが、馬場は精魂尽き果てて二〇一八（平成三十）年の六月二十七日、六十九歳で天上の人となった。

米軍基地をなくすため、日本政府と闘ってきて、志半ばで倒れた沖縄県知事の翁長雄志を彷彿させる生涯で、馬場の政治家としての生き方については改めて最後の章で触れたい。

ところで、原発からの命懸けの脱出行を続ける町民はこうした事情は一切知らないわけで、鈴木大介も避難所で一生忘れられない経験をするのである。

ぐったりとして、疲れ切った表情の避難者から、

「頼む、またお前の酒を造ってくれ」

「浪江のものを何とか、形に残してくれないか」

とたくさん声をかけられた。

中には懐からなけなしの現金の一部を取り出して、大介に渡そうとする人もいたという。

「こんな目に遭いながら、酒造りはもう無理だ」と内心弱気になりながらも、

「またやります」

と答えざるを得ない雰囲気がその場にはあったというのだ。

そして、大介のこの時の体験が福島県浪江町という海辺で暮らしてきた一家が、山形県長井市という環境も条件も全く異なる山里での困難な酒造りを再開していくための大きなバネとなっていくのである。

一番安い焼肉定食

震災から二日目の三月十二日夕、鈴木一家の先発隊七人を乗せた二台の車は津島地区から福島と山形の県境にある栗子峠に着いた。

ガス欠寸前だったので、ここにあるガソリンスタンドでタンクを満タンにしてから、JR米沢駅前にあるビジネスホテルの東横インに一気に向かった。

米沢は人口八万三千人で、山形県南部の中核となる市。太平洋側の浪江と違って内陸にあるため、雪も深く、寒さも厳しかった。

皆現金を持たないままの脱出行だったが、家長の市夫が得意先から集金した現金二十万円を胸ポケットに入れていたため、「とにかく皆でうまいもの食って、元気になろう」と

言って、土地の名物である米沢牛の夕食を食べた。

と言っても将来の生活への不安があるため、米沢牛の専門店では一番安い千二百円の焼肉定食をたのんだだけである。

この時は単独行動の大介と、福島市へ避難していた市夫の妻スミヱ、母千代たちはまだ合流していなかったため、このささやかな宴には加われなかった。

「自分たちだけで米沢牛をこっそり食べた」と後々まで語られるこの一件は、鈴木家の窮乏時代のエピソードとして笑いながら今に語り継がれている。

ホテルに部屋をキープできたとはいえ、七人で二部屋に泊まるわけだから窮屈この上なかったが、ホテル側の配慮で翌十三日夜には総勢十二人で四部屋を使えるようになった。

この時大介が浪江から避難する時、妻裕子の実家から持ち出した唯一の酒「季づくりしぼりたて磐城壽」一升瓶一本を皆で分けて呑んだ。

蔵が津波に襲われたためできなかった酒造り終了の儀式である甑倒しを、避難先の米沢でささやかに祝う意味もあった。

ガスボンベを使って即席の鍋を作って皆でつつきあった。

一人当たりで分けたらわずかな分量の酒だったが、大介は
「俺はけっして酒造りをあきらめないぞ」

とその酒の味を舌と心に深く刻み込み、仕込みの配合を忘れないようにとメモにとった。

「あれほど身に染みた酒はなかった」と後に振り返っている。

二千万円近いローンだけが残った

翌三月十四日朝になって、鈴木大介は米沢市内に住む東京農大時代の同級生で、親友の新藤雅信に連絡を取った。

「朝ホテルの外へ出ると、スキーを担いだ子供たちが登校する姿が目に入り、この町では浪江とは違って市民の落ち着いた日常生活があると感じたからで、新藤に全面的に頼ろうと決めたのです」

新藤は明治の初めから続く新藤酒造店の十代目で、「何事にもとらわれない自由な発想の酒造り」をコンセプトに、香り高く華やかな酒「雅山流」を醸すことで定評があった。

「地震のあった日は米沢も激しい揺れで、酒蔵の壁が崩れ落ちて、酒が二千リットルも流出して大変だった。海べりの大介の蔵は大丈夫かと思い、何度も電話をかけたがつながらず、ようやく連絡が取れてほっとした。

だが心臓の悪いバアちゃんを抱え、正直困っていると聞いたので、なら俺が面倒見るから心配するなと伝えたのです」

ホテルに二泊した鈴木家の一行は、新藤の紹介で循環器内科の医院に近い「招湯苑《しょうとうえん》」という旅館の離れに移り、二週間を過ごした。

その後、五部屋もある一戸建ての民家を半年間無償で借りることもでき、大家に全員の寝具と調理用具まで用意してもらえた。テレビや冷蔵庫は山形大工学部の学生のお下がりをありがたく使わせてもらった。

心臓の良くない祖母の千代が異郷の地・米沢や長井で何とか元気に暮らせたのも、一家が浪江から避難する際に荘司の妻康子が布団や炊事道具と一緒に持ち出した梅干しの存在が大きかったからだ。千代はスミエが毎年漬ける梅干しをことのほか気に入っていたことを康子は有事の際にも忘れていなかった。

ところで、米沢へ移って間もないころ、テレビがヘリコプターで空からとらえた浪江の映像を大きく映し出した。

請戸の港は跡形もなくなり、青い海だけが太平洋に広がる。酒蔵や住居のあった場所も津波で洗い流されて、ただの原っぱになっていた。赤く錆びついた和釜と圧搾機の槽が無残な状態で放置されていた。

「最新の自動精米機もどこかへ流され、二千万円近いローンだけが残った。蔵から酒を出荷する石高が大きく増えた年でもあり、ふところ事情も苦しかった。原発の運転状況に好転の兆しもない。これで将来やっていけるのだろうか」

大介は何度も頭を抱えながらも、会社の体裁だけは整えて、いざという場合に備えようとホームページの取引先から連絡先のリストを作った。

そして自分たちの置かれた窮状を全国にいる顧客たちに説明しながら、いずれ酒造りを再開する意思がある旨を伝え続けた。

津波の襲来でパソコンも帳簿もすべてが流出してしまい、未収金をかき集める術すらなかったからだ。

それどころか、江戸・天保年間以来続く名家の歴史を刻む貴重な文書はもちろん、一家の思い出を伝える家族のアルバム類に至るまですべてがなくなってしまったのである。

「このころはリサイクルショップで一枚三百円のトレーナーを買うことにも迷いに迷った」

と大介の妻裕子が語るほど、一家の生活も窮迫していた。

新藤から提供された雅山流のネームが入ったTシャツを鈴木酒造では何度も洗って使い、すっかり色あせたが、今では宝物扱いにしている。

浪江の旧家の六代目当主鈴木市夫にしても、「すし店の前を通るときは正直生唾を呑み込みながらも、金銭的にも精神的にものれんをくぐる余裕はなかった」と後に振り返っている。

米沢での暮らしについて市夫の妻スミヱは「借家で息を殺したような生活を強いられ、浪江では働かなければ食べられない暮らしをしてきただけに苦痛以外の何ものでもなかった。一日も早く働きたい、とそればかり考えていました」と語る。


鈴木大介の懸命の情報発信を受けて、多くの酒販店から、

「『磐城壽』の棚は空けておくから頑張れ」

「また、旨い酒を造ってくれよ」

と温かい励ましが次々と鈴木酒造に寄せられた。

手元に酒はないだろうからと、ストックしていた「磐城壽」の一升瓶を米沢の避難先へ送り返してくれる酒販店まであった、という。

地元の漁師の舌に合った酒という意味で、販路の八割が福島県という地酒だったとはいえ、県外での評判も悪くはなかった。

東京や大阪などの酒販店から引き合いがあっても浪江へ直接足を運んでもらって、地元の肴をつまみながら盃を交わし、この土地に根差した酒であることを理解してもらえないバイヤーには酒を売らないという頑固な態度を貫いてきた。

「『磐城壽』の『土耕《どこ》ん醸《じょう》』という山廃の純米酒が面白かった。きれいな酒がもてはやされる時代に、何ともやぼったい酒と思ったけれど、熟成させると不思議と魅力が増してくるのです」と語るのは、神奈川県横須賀市鷹取で掛田商店を営む掛田薫だ。

掛田は社員研修の形でも浪江を訪れながら、磐城壽を自分の店にストックしていくようになる。震災が起きて蔵の酒はすべて流された後にも、掛田商店には磐城壽の年代ごとの酒が保管されていたので、「歴史の証人としての役目を担う酒」として、酒の会の場で常連客に呑んでもらったりした。

生き残った酵母を見る鈴木大介、2015年5月

頭上から降りてきたクモの糸

そんな避難生活を続けていた四月一日のこと。

鈴木大介にとってエイプリルフールの冗談ではないか、と思わせるような出来事があった。福島県ハイテクプラザ会津若松技術支援センターの醸造食品科長を務める鈴木賢二から、「山廃酵母を預かっていること覚えているかい。そろそろ分離作業をしに来ないか」と電話をもらったのだった。

「酒造りを再開しようと思っても、貴重な資料やデータ類はすべて蔵ごと津波で流され、残っているのは自分たちの感覚しかない。どうしたらいいのか。

心細く思っているうち、蔵付きの酵母を取り出せる山廃酵母が残っているという知らせには勇気づけられた。先人たちの作業の痕跡が残っていたわけで、これで蔵の歴史がつながるかもしれない、と思ったのです」

福島で「酒の神様」と尊敬を集める鈴木賢二。本人提供

鈴木賢二が震災前の一月に巡回指導で浪江町の鈴木酒造店を訪れた時、山廃酒母から華やかな吟醸香が出ていることに気づき、酒造りが終わる春になったら大介と二人で研究を進めよう、と四種類のサンプルを持ち帰っていたのだった。

そこで大介は米沢から会津若松のハイテクプラザへ時間を見つけては通い、鈴木やその他の研究員の支援を受けながら、酵母の分離、選別作業を続けた。

「私の好奇心から始めたこととはいえ、蔵付き酵母が残っていて本当に良かった。大介君は麹《こうじ》をしっかりつくり、旨みの良くのった純米酒を造っていた。

燗酒にしたら最高で、これでまた君の酒が飲める。今後の資金繰りなど大変なこともいろいろあると思うが、君ならきっと克服できるから頑張れよ、と励ましたのです」

かつて福島は安価な酒を大量に造る県として知られ、酒造りの目安の一つとなる全国新酒鑑評会で金賞を受ける蔵は少なかった。

鈴木賢二はそんな福島の酒を二〇一九（平成三十一）年五月には金賞受賞数で七年連続最多記録を作ったほどの実力者で、「福島県清酒アカデミー」での若手蔵元らへの指導でも定評があり、名伯楽の呼び名も持つ存在だ。

実際、福島が金賞で七年連続日本一を取った時の酒蔵二十二のうち二十一蔵に教え子がいるほどだった。

そんな鈴木は一九六一（昭和三十六）年に福島県の三春町に生まれ、岩手大学で農芸化学を学び、福島県庁へ入り、工業試験場の食品担当になった。

一九九三（平成五）年に会津若松の技術支援センターへ移ってからは、日本酒の酒質を科学的に分析する研究を続けている。

「原発事故の風評を払拭するためにも、金賞日本一であり続けることが大事」として、絶えざる酒質の向上を目指す。

そのために麴をつくる時間や醪の管理に適した温度などを数値化して毎年マニュアルを更新している。そんな日本酒の神様とも呼ばれる存在からの励ましの言葉に、

「暗闇に頭上からスーッと降りてきた一本のクモの糸のように感じたものです。支援センターの研究員の皆さんには多忙な日常業務があるのに、自分たちの酒造りをいろいろと支援していただいて本当にありがたかった」と大介は当時の感激した様子を振り返る。

大介を励ます花見の宴

鈴木大介が鈴木賢二と山廃の酒母から酵母の分離、選別する作業を始めたのは四月二十日のことだった。

その夜、福島県会津若松市の鶴ヶ城公園で県内の若手蔵元や酒販店経営者らが集まる花見の宴が開かれた。

例年より寒く、サクラはほとんど咲いていなかったが、集合したメンバーは皆熱い心を持っていたので、寒さはあまり気にならなかったという。

郡山市の酒販店「泉屋」の佐藤広隆、喜多方市の「奈良萬《ならまん》」醸造元の東海林伸夫、「飛露喜《ひろき》」の廣木健司ら青山学院大ＯＢの三人が主催する宴には、福島県酒造組合会長で、「末廣」の新城猪之吉や「会津娘」の高橋亘ら県内十社蔵元とその夫人たちが参加した。

それに三重「而今《じこん》」の大西唯克、山口「貴《たか》」の永山貴博、千葉の酒販店「いまでや」の小倉秀一、酒と食をテーマとするノンフィクション作家の山同敦子《さんどうあつこ》らの県外組も加わり、約二十人で宴を楽しんだ。

未曽有の大災害に遭って、わずか四十日後のことだが、一番の目的は震災・津波ですべてを失った鈴木大介を励ますためだった。

「皆で大介君が現れるのを緊張して待っていたが、彼は全く平静な様子を崩さず、ぼくらが戸惑ったほど。避難生活の話だけでなく、これからの具体的な復興案まで聞かされたこともすごいと覚えています」

と「会津娘」の高橋は語る。

「酒造りはもう難しいのではないか。いやその自信もない、と誰もが考えていた時期に集まって、近況をいろいろ語り合って、前へ進もうという気持ちになれた。この時集まったメンバーは一生の仲間です」

と大介が浪江から長井に移って酒造りを続けることができるようになる原動力の一つに、この時の花見があったのである。

この場に参加した「いまでや」の小倉秀一は、

「『磐城壽』のマーケットをしっかり作るように努力するのが僕らの仕事では、と皆で話し合った。福島の酒屋はチーム福島と呼ばれるように日ごろは刺激し合いながらも、いざとなれば一つになれる。温かい連中が多くていいですね」と感想を話していた。

この集まりの八か月前に浪江の蔵で大介と取材で会っていて、震災後に「失われた故郷の大地を求めて」というリポートを書いた山同敦子は「がっちりした体格の大介さんはげっそりとやせ細って見る影もなかったが、さぞ過酷な日々を過ごしているのだと思い、胸が熱くなった」と語り、次のように続けた。

「蔵元たちは大介さんを見つけては、がっちりと握手し、肩を抱き合い、励ましの言葉をかけるという光景があちこちで繰り広げられました。大介さんの目にはうっすら涙が浮かんでいたようでした。

宴会の最後に私のリクエストで、猪苗代湖ズの『I love you & I need you ふくしま』を、参加した全員で大合唱したのです。蔵元仲間と肩を組み、歌っている大介さんを見て、思いを共有できる友がいることは素晴らしいと感じました」

マイナスからの出発

鈴木大介は酵母の分離作業をする傍ら、福島県内で酒造りを再開できる場所を探していたが、五月の末に南会津町で国権《こっけん》酒造を営む細井信浩から「在庫が少なくなったので酒を仕込むが、一緒に酒造りをやってみないか。センターに保管してあった酵母を使って」と声をかけられた。

国権酒造は白神山地より広大なブナの原生林がある南会津で百年以上前から酒造りを続けてきた蔵で、柔らかみのある酒は全国新酒鑑評会で金賞を何度も受けているほどの実力派だ。

細井はその蔵の六代目。一九七二（昭和四十七）年生まれで、中央大学法学部卒。大介より一歳年上の、男っ気のある先輩で、「杜氏にも蔵人にも力を貸すようにと言ってあるから好きなように酒を造ったらいい」と言ってくれた。

浪江と南会津は車で四時間の距離があり、同じ福島県でも遠く離れた別世界のようなものだ。

細井は時々大介の海辺の蔵を訪ねては雪国にはない縁側に座ってくつろぎ、釜揚げのシラスや新鮮な魚の刺身を食べた。山国と対照的な漁村の光景を気に入っていたという。

「震災の時はうちの蔵も壁が落ちたが、大介のところへ電話をいれてもつながらなかった。もう駄目かと思っている時、四日ほどたってから、米沢に家族ぐるみで避難してきて無事と新藤酒造から聞き、ほっとしたのです」

大介と弟の荘司は酒蔵の隣にある旅館に泊まりこみ、六月下旬の上槽を目指してタンク一本分（一升瓶で二千本分）の酒を仕込んだ。父親の市夫もラベル貼りに精を出した。

「細井さんが酒を仕込むからついでにどうかと言ってくださったのは口実で、自分たちにわざわざ酒を造る機会を与えてくれたのだと思う。感謝の気持ちでいっぱいです」と荘司は当時を振り返る。

浪江の井戸水は硬水だが、南会津のそれは軟水。酒造りに使う水は全く違うが、やがてできてきた磐城壽は浪江時代と同じ、濃い、がっちりした味のある酒だった。蔵付き酵母が残っていたことの意味は小さくなかったのだろう。

「我々日本酒業界は過去の遺産で商売しているようなもの。それをゼロどころか、マイナスから出発するなんて無茶だ。震災であれだけの被害に遭ったら自分ならとうに酒造りはあきらめる。どれだけ借金背負うことになるか、お前分かっているのか、と大介に突っ込んでも『分かってません』と笑っていました。大したやつです」

細井は当時の様子をこう振り返るが、やがて津波で流された浪江町の請戸地区はまもなく初盆を迎える時期に来ていた。

福島の浜通り地方最大の祭りである七月末の「相馬野馬追《そうまのまおい》」も近づいてくる。地酒が必要とされる季節がやってくるのだ。

国権酒造で造った二千本の磐城壽は地縁復興純米酒とラベルを張って出荷された。避難所など町民が集まる場所でその酒は大歓迎され、「お一人さま一本」という限定販売ながら、あっという間に売り切れた。

避難先で娘が出産したが、お祝いをする心境になれなかった一家がこの酒を手に入れて初めてその気になったという家族の話などが取引先から鈴木酒造店に入ってきた。

大介は自分たちの酒の出荷をどれだけ多くの人たちが待ち焦がれていたか、また酒というものは人と人をつなぎ、元気づける力水になるということを改めて思い知らされ、酒造り再開を急がなければ、と考えるようになった、という。

そして翌二〇一二（平成二十四）年の一月には浪江町役場が仮移転した福島県二本松市で町主催の成人式が開かれた際、鈴木酒造店は震災前と同様に赤白ラベルを付けた「磐城壽」を新成人に送り届けた。「酒を喜んでくれ、彼らの発する前向きのエネルギーが復興へのパワーにもつながるとうれしく思ったものです」と大介は話していた。

鈴木酒造店の一家が米沢で暗中模索の日々を過ごしていたそんなある時、大介のところへ、東京農業大学時代に薫陶を受けた恩師の一人、小泉武夫からファクスで次のメッセージが届いた。

「貴兄のがんばりは多くの被災者への力強い励みとなっています。新しい夢を抱き、希望

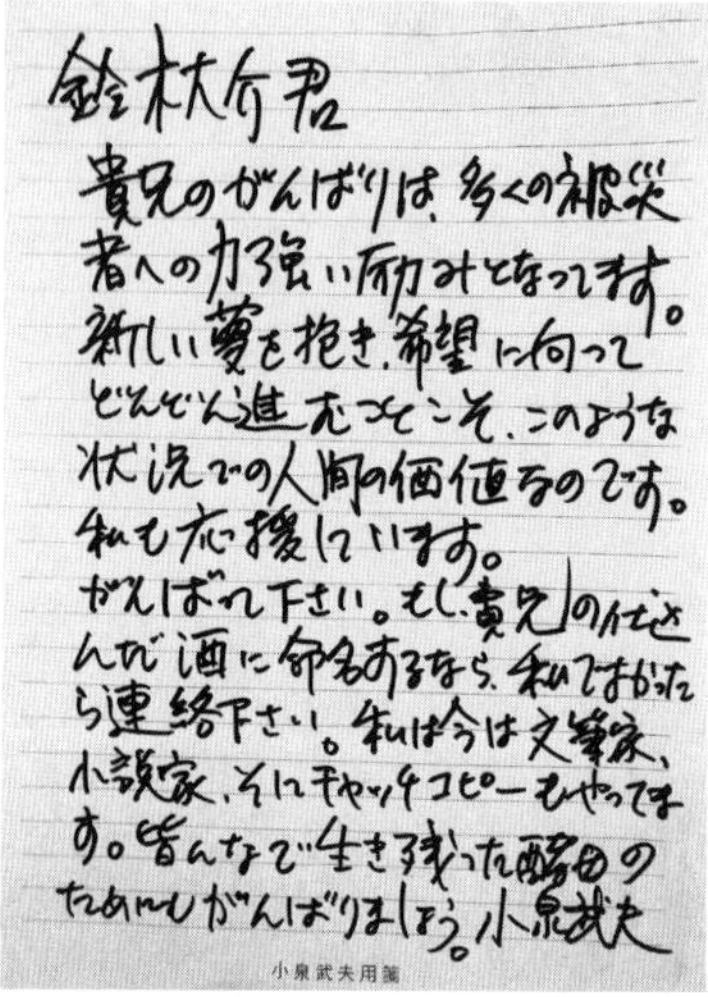
鈴木大介君
貴兄のがんばりは、多くの被災
者への力強い励みとなってます。
新しい夢を抱き、希望に向って
どんどん進むことこそ、このような
状況での人間の価値なのです。
私も応援しています。
がんばって下さい。もし貴兄の仕こ
んだ酒に命名するなら、私でよかった
ら連絡下さい。私は今は文筆家、
小説家、そしてキャッチコピーもやってま
す。皆んなで生き残った酵母の
ためにもがんばりましょう。小泉武夫
小泉武夫用箋

恩師の一人、小泉武夫から届いたファクスの文面

に向かってどんどん進むことこそ、このような状況での人間の価値なのです。私も応援しています。……皆で生き残った酵母のためにも頑張りましょう」

小泉自身も福島県小野町の酒蔵に一九四三（昭和十八）年に生まれた。東京農大醸造学科を出てからは母校で長年教えを続け、「小泉チルドレン」と呼ばれる教え子が全国に約六百人もいて、このうち百人ほどが大介のように日本酒の造り酒屋を営んでいるという。

「味覚人飛行物体」のあだ名があるように、酒や食に関する著書が百冊以上もあり、自宅の台所「食魔亭」でさまざまな料理を作ることでも有名だ。

その小泉が二〇一五（平成二十七）年四月十八日付の読売新聞朝刊に掲載された連載企画「時代の証言者」の中で、震災発生時の体験について振り返っているが、それによると、震災の発生時に小泉は客員教授をしている鹿児島大学へ教えに来ていて、羽田へ戻るため鹿児島空港へ着いたところで、東北の被害を知り、海に近い大介の蔵へ電話をしたが、つながらなかったという。

小泉はこの記事の中で、「同郷同門の彼の頑張りは本当にうれしいです」と語り、末尾を次のように結んでいる。

「ふるさと福島の復興はそう簡単ではない。除染を進めても『一度汚染された土地には戻りたくない』という人も多い。白河市から那須野一帯の国有地に『阿武隈高原都市』という街を新たに建設して、そこに定住してもらったらいいと考えたりするのですが」

山形・長井に移ることを決断

酒造りの再開を模索する鈴木一家だが、さまざまな葛藤があったのも事実である。

「浪江からの避難は一時的なもので、時がたてばやがて故郷へ再び戻れると当初は考えていた。酒蔵のあった請戸地区の放射線量は遠く離れた福島県の会津地方と変わらないほど低かったし、蔵付き酵母も見つかり、酒造り再開の条件も整ってきたと考えたからだ」と大介は話す。

前例のない、空前の原発災害に巻き込まれた福島県の太平洋沿岸で暮らす人々も「数日もすれば元の暮らしができる」と誰もが思っていたはずだ。

鈴木一家は先の見えない漂流暮らしを続ける中で、大介が酒蔵再開に向け飛び回る間、弟の荘司は米沢から福島市まで通い、県の外郭団体で中小企業を援助する仕事を続けた。

大介の妻裕子も職業安定所へ行き、一家を支える仕事を探した。

「最初紹介された仕事はデパートの土日の飲食店でした。家族そろって毎日『いただきます』『ごちそうさま』を言えるのが自営業のいいところというのが夫の口ぐせでした。見知らぬ土地で生活を始め、不安な気持ちになっている子どもと食事をするためにも土日の勤務はできるだけ避けたかった」

そこで、「自分が一家をまとめる重石だ」と気づいた裕子の取った行動は破天荒ともいえるものだった。

山形銀行本店の人事部へ直接電話をして働かせてほしい、と懇願したのだ。役員面接で被災した事情を話すと、晴れてパート社員に採用され、米沢支店で制服を着て仕事をすることになった。

郡山の短大を卒業後、東邦銀行浪江支店で五年勤めた経験と簿記などの資格を持っていたことも有利に働いた。そうした日常を送りながら、次の酒造りの場をどこにするかでは家族の間でも激しい葛藤があったのである。

大介が酵母を分離するため、会津若松のハイテクプラザに通っている時、山形県工業技術センターの酒類研究科長小関敏彦から廃業を考えている山形県長井市の東洋酒造を紹介された。ただ、鈴木酒造が福島県外へ出て酒造りを再開した場合、震災の助成制度や金利の優遇処置などの支援が全く受けられなくなる。

その一方で、福島県内で再開しようとしても、自分たちのような原発がらみで警戒区域に指定された業者への積極的な支援制度は示されなかった。

「国や県の支援制度に期待が薄れていく中で、県外の新しい土地へ移ってでも一刻も早く酒造りを再開するべきだ」と訴える大介に対し、県の関連団体で臨時職員をしていた弟の荘司は「郷里の福島が大変なことになっているのだから、苦楽をともにしなければ。県外へ出るなどとんでもない」と反論した。

震災の支援制度に頼っていては酒の再出荷は一年以上先になり、冬場の酒造り再開のタイミングを逸した場合、市場への酒の供給は二年以上も空いてしまう。

競争の激しい清酒業界では磐城壽の名前など忘れられてしまうに違いない。いや、何より郷土・浪江の人々が必要とする酒を真っ先に造って届ける責任がある。

最終的に父の市夫が二人の間に入り、荘司を説得する形で、一家は山形・長井へ移ることを決断した。

「確かに弟の言うように、自分たちが県外へ出た場合、震災による風評の加害者になってしまうのでは、とも考えた。被災地への応援ムードが白けてしまうのではと感じ、悶々ともした。しかし酒造免許の付いた酒蔵が手に入ればすぐにでも酒造りに着手できる。この機会を逃すわけにはいかないと考えたのです」

大介は当時をこう振り返るが、この年の十月二十五日に東洋酒造との間で会社売買の契約を正式に結ぶことになった。

東洋酒造は一九三一（昭和六）年創業の酒蔵で、「一生幸福」と「忍ぶ川」という酒を造っていたが、赤字で後継者がなくて、当主に当たる十代目社長の佐藤俊子は蔵の存続をあきらめていた。

酒蔵の建物はコンパクトで、酒造りには使い勝手もよさそうで、浪江の蔵と同じ和釜が置いてあったというのにも好印象を持てた、という。

「地元で愛された『一生幸福』の銘柄を引き継ぐのが条件でした。ただ名前が明るすぎて、故郷を追われた自分たちの境遇にはふさわしくないと思ったのですが、オーナーの気持ちは痛いほど分かった。

酒はその地に住む人にとって心の支えだと思う。一生幸福は長井市民のために山形の米で造り、磐城壽は全国に散って暮らす浪江の人々のために福島の米で造ろうと決めたのです」

東洋酒造のメインバンクは山形銀行だったので、鈴木酒造のことは米沢支店に勤めた大介の妻裕子の勤務ぶりを通じて頭取の耳にも入っていた。

大介は信用貸しで融資が受けられることになり、東洋酒造の債務も引き受けながら、「鈴木酒造店長井蔵」の看板を掲げることになっていくのである。

この間の裕子の奮闘ぶりに日頃はクールな表情を崩さない大介が仲間うちの呑み会の席で「最近あいつが可愛くて仕方ないんですよ」とノロけることもあった。

震災まもない視察旅行

二〇一一（平成二十三）年十一月三日、鈴木酒造店は長井で再び酒造りを始めた。郷に入っては郷に従えとの教えの通り、山形の酒造好適米「出羽燦々《でわさんさん》」を使っての仕込みである。

東洋酒造の三人の従業員を引き受け、鈴木家の家族と合わせ九人での再出発。あの歴史に残る震災に遭ってからわずか八か月足らずで動き出すというスピーディーな復帰だった。

「震災で貯蔵していた熟成酒を失い、二年分の現金を失った。製造再開に当たって酒造米の大半は取引先の酒販店や飲食店の皆さん、友人、知人、親戚による義援金で買うことができて本当にありがたかった」

　鈴木大介はこう語るが、義援金が集まるだけでは米は手に入らない。酒造りに使う米は前もって酒造組合や農協、生産者と調整してどれくらいの量が必要かを作付け前に決めておくことになっているからだが、当時十一月に造りに入る鈴木酒造店が使う米の確保は全くできていなかった。

「そこで米屋さんに口を利いてくださったのが、東洋酒造を我々に紹介していただいた山形県工業技術センターの小関敏彦先生なのです。先生は実家が川西町にある関係で、蔵にもよく足を運んでくれ、まさに鈴木酒造の恩人といっていい人なのです」と鈴木荘司は語る。

　この時初めて仕込んだ酒の出来栄えについて大阪の地酒専門店「山中酒の店」で店長を務める井上勝利は「薄濁りの本醸造だったが、滑らかさの中に磐城壽らしい特有の苦みがあって旨かった。魚料理との相性も良かった」と話している。

　未経験の土地での酒造りは順調に始まったとはいえ、蔵の将来は全くの未知数で、蔵の造りを自分たちの体力に合ったスタイルに変えていく必要があった。

　実はそのために、大介は震災から一か月も立たない四月の初めから動き出していた。大阪市西区の銘酒専門店「島田商店」の会長島田洋一から「交通費や滞在費は面倒を見るから大阪へ出て来なさい。酒造りの仕方や自分の人生を見直すいい機会になるから」と声をかけられたので、米沢から関西へ一週間の視察旅行に出かけたのである。

島田は一九四一（昭和十六）年生まれで、東京五輪の一九六四（昭和三十九）年に家業の酒販店を継いだ。全国の銘酒を集め、日本酒に関する著書も多く、関西の業界では影響力のある人物だった。

「地酒ブームの時代と言っても、地方の蔵が今あるのは自分たちに最初から実力があったわけではなくて、大手蔵に桶売りするための酒を造ることによって、技術指導を受けて成長してきたからだ」

と辛口の見方をする人物でもあった。

大介はかつて奈良の「梅乃宿」で修業していた時代に、夏の酒造りを休む時期に島田商店で営業の手伝いをしていたこともあった。

この時は「貴」を扱う永山本家酒造場や「獺祭《だっさい》」の旭酒造などを回らせたが、「大介君は支援を受けやすい立場なのだから、それをもっと利用したらどうだと言っても、あまり耳を貸そうとしなかった。磐城壽をその後送ってもらったが、田舎酒の枠から出てなくて、うちのストライクゾーンからは離れている印象を受けた」と島田は大介の印象については率直に話す。

鈴木大介はこの後、大阪府茨木市で、かどや酒店を営む角本稔と連絡を取り、行動を共にした。

角本は大介と同学年の一九七二（昭和四十七）年生まれで、酒屋の二代目。大介がかつて梅乃宿で修業していたころから付き合いがあり、浪江の蔵へ遊びに来たこともあった。

「都会ではフルーティーで華やかさのある酒が受けるが、『磐城壽』は洗練されていない田舎酒なので、大阪では売れない」と酒販店に敬遠されながらも、かどや酒店では大介のすべての種類の酒を棚に並べていた。

震災の発生で浪江の町が津波に呑まれたことを知った角本は大介の携帯へ十分おきに連絡を入れ続けた。やっとつながり「原発が爆発したから今逃げている最中や……」

と話しただけでプツンと切れた、という。

「これを聞いただけでもうれしくて仕方がなかった。大介は無事やと皆に知らせて回ったのです。それから十日ほどたって彼と再び電話で話した時には『磐城壽』の名は必ず残す、と力強く言ったのです。

彼は表情には出さないけれど、酒造りの熱い心を持っている。皆と一緒にガハハと笑うにぎやかなタイプではない。声も大きくないし、ちょっと真面目な話をするとズーッと一人でしゃべっているようなところもあるが」

角本はそんな大介を連れて、神戸市東灘区に向かった。

阪神・淡路大震災後に再起した大黒正宗の例を聞いていたからだ。

大黒正宗は被災後も酒造りを続けたが、二〇一四（平成二十六）年に施設の老朽化で蔵を閉じ、業界最大手の白鶴酒造に間借りする形で自社ブランドの酒を造る。

大介は大黒正宗の井上健一郎、美穂子夫妻と池田光雄営業部長から震災後の酒蔵再生について話を聞くうち、すぐ近くにある泉酒造が磐城壽の今後を考える際に参考となることを知った。

泉酒造は創業二百六十年という老舗だが、太平洋戦争で蔵は全焼し、阪神・淡路大震災でも蔵が倒壊した。その後、酒造りは十二年間休止して香川県の西野金陵で造る酒を桶買いすることでしのいできた。

その蔵が甦ったのは二〇〇八（平成二十）年のこと。

八代目当主・西野信也の長女泉藍が、

「江戸から続く伝統の蔵を絶やしたくない」

と言って美術関係の仕事をやめて蔵へ戻ってきてからだ。

同じころ、神戸市東灘区の木村酒造で瀧鯉という酒を造っていた和気卓司が泉酒造に移ってきて、二人は「ワインなども楽しむ私たちの世代ならではの日本酒を造りたい」と意気投合した。

泉藍は一九七七（昭和五十二）年、和気は一九七三（昭和四十八）年の生まれだった。

美術大学を出ている泉は「シロウトの目で見て、蔵で何が大事か。温度、光、衛生面は絶対譲れない。温暖化で気温が上がり、酒造りの期間も長くなっている」と考え、蔵全体を五センチの厚さの断熱パネルで覆い、冷蔵庫のように改造した。室内の温度は十度に設定されているという。

ここで四人の蔵人が毎年九月半ばから翌年六月末までの間に三百八十石程度の酒を醸している。看板銘柄は「仙介《せんすけ》」で、独特の発泡感が若者の間で人気を呼んでいる。

豪雪地の利を生かして

鈴木大介がその泉酒造を訪ねたのは二〇一一（平成二十三）年四月七日のことだった。応対したのは和気卓司で、「何と声をかけていいか分かりませんが、大変でしたね」とねぎらいながら、施設を案内したという。

冷蔵蔵を熱心に見学する大介に、和気は「蔵の中は明るい方が作業をするとき安全だし、蔵の衛生状態もよく分かるのでいいですよ」と伝えると、「少人数でもいい酒が造れるようにいろいろな工夫がされている。自分たちでもやれるかもしれません」と感想を話したという。

ウレタンを蔵の隙間部分に吹き付け、外気が入ってくるのを遮断し、完全な冷蔵庫状態にして醪《もろみ》を絞るヤブタ式の槽《ふね》がこの冷蔵蔵の中にあることを一番の自慢にしていた。泉酒造ではこのほか、麹づくりの作業が一人でもできるよう盛り箱のサイズを小さくするなど、さまざまな工夫をしていた。

大介は泉酒造で学んだことを米沢に持ち帰り、半年後に長井で譲り受けた東洋酒造の酒蔵を自分たちが酒造りをしやすいように改造していくのだった。

震災前の浪江時代は六、七人で酒を造っていたが、長井に移ってからは家族労働中心で人手も少なくなった。毎年十一月に仕込みに入り、翌年三月には酒造りを終えていたスタイルを少人数で長期間酒造りを続ける態勢に変える必要があった。

仕込み場を冷蔵施設化して、タンクも浪江時代の大型タンクから小型の三キロリットルタンクに変え、少量の仕込みを十か月くらいかけて行えるようにした。

こうすることによって、かつてのように米をまとめて買い、一気に酒を造り、大量に在庫する形より、資金的にも楽になっていく。

「貯蔵はすべて瓶貯蔵とし、豪雪地の利を生かして雪室で保存することにした。夏期は最高五度、厳冬期で二度。保冷と蓄熱《ちくねつ》効果があって酒を貯蔵するにはベストの条件。雪へのイメージも変わった。在庫を少なく、小仕込みすることによって小回りが利き、市場対応もできるようになった」と大介は語る。

かつて日本酒の造りといえば、農村出身の杜氏が村人を連れて晩秋に酒蔵へやってきて酒の仕込みを始め、翌年の春に酒の絞りを終えて帰っていくという出稼ぎのパターンが一般的だった。

だが、杜氏も高齢化し数が少なくなった今、鈴木大介のような酒蔵出身の若者が東京農大などで醸造学を学んで帰ってきて、蔵元杜氏として活躍する例も増えている。

蔵人を通年雇用する必要も出てきて、酒造りの通年化が一つの流れとなっている。

鈴木大介は山形・長井で酒造りを再開して一年後の二〇一二（平成二十四）年十二月、蔵の改造でヒントをもらった泉酒造に一本の酒を送った。

その時の様子を泉酒造の和気卓司は同社のブログに「復活蔵！！！」のタイトルで、次のように書いた。

「去年の10月から山形県長井市で醸造再開との事！

先日の我が社の月例会議前に社員全員で利き酒させていただきました。
うまい！！！うま味と酸味のバランスに感動！！！熟成タイプが蔵のコンセプトのようです！
経営者・杜氏・社員・蔵人・得意先……いろんな人の思いが詰まっています！！！
私の今年一番心に残る酒でした！！」

こうして、鈴木酒造店は長井の地での酒造りも軌道に乗せていくが、このことを誰よりも一番に喜んだのは大介の祖母鈴木千代だったのかもしれない。

江戸の廻船問屋以来の歴史を持つ名家に嫁ぎ、大正から昭和、平成への激動の時代を生き抜いてきた胆力のある女性。未曽有の天災に遭い、長年暮らした海辺の町から山里での生活を余儀なくされた千代。

「戦時中は企業整備にあっても蔵の建物だけは残った。それが今度の天災ではすべてを海に持っていかれてしまった。でもこうして新しい土地でまたお酒をつくれるようになったんだね。皆が元気でいてくれれば、それだけでうれしいよ」

鈴木千代は、こう言い残して二〇一二（平成二十四）年五月三十日、長井市の自宅で、九十八歳の天寿を全うして旅立っていった。

家族は皆で千代の手足をさすってあげ、天国へ送り出すことができて、安堵の気持ちでいっぱいだったという。

第二章
故郷の海辺を思う

慰霊碑の前で祈りを捧げる鈴木市夫、スミヱ夫妻。2014年10月、堀誠撮影

すべて持ち出されていた一升瓶

東日本大震災から三年半がたった二〇一四（平成二十六）年の九月二十六日——。

青空が広がった福島県浪江町の請戸地区。

津波に襲われた共同墓地では四百世帯分の墓石のほとんどがなぎ倒され、漁船や乗用車などが夏草の生い茂る場所に打ち上げられたまま、朽《く》ち果てようとしていた。

黄色い花の月見草が潮風に揺れ、わずか七キロ先には東京電力福島第一原子力発電所の黒っぽい排気塔と、瓦礫撤去のためのクレーンが立っていて視界に入ってくる。

「おやじ……。死ぬ前日まで酒を呑んでいたのだから、たまには酒を抜くのも体にいいだろう。実はうっかりして酒を持ってくるのを忘れた。申し訳ない」

鈴木酒造店の社長、鈴木市夫はこう言って照れくさそうな顔をすると、父親・新一の墓にペットボトルの水をなみなみと注ぎ、紫苑《しおん》の花と団子、ヤクルトを供えた。

鈴木新一は一九一一（明治四十四）年十月五日にこの地で生まれ、二〇〇〇（平成十二）年十一月二十日に八十九歳で亡くなっている。太平洋戦争中はフィリピン戦線に従軍し、戦後浪江へ戻ってからは戦中に統廃合された酒蔵の復活などに尽力した。

その脇には二年前に九十八歳で他界した新一の妻千代も仲良く眠っている。

市夫が線香を供える横で、妻のスミヱは原発の方に目をやり「原発と原爆は違う。『絶対安全』と何度も聞かされて暮らして来たのに……」と言って、言葉をつまらせた。避難指示解除の準備区域に指定された請戸地区の放射線量はこの当時、福島市内と変わらないレベルだった。鈴木夫妻はここから北西へ百十キロ離れた山形県長井市から墓参りのため三時間もかけて、車で請戸に帰ってきたのである。

海から堤防を隔ててすぐの場所にあった酒蔵は、コンクリートの土台と酒造庫の木の床を残すだけで後はすべて波に流されていた。請戸川の伏流水を引いていた庭の二本の井戸は瓦礫ですべて埋まり、跡形もなくなっている。

酒を絞る槽《ふね》に至ってはいろいろな草が生い茂り、まさに生け花のような状態だった。酒蔵のタンクは押しつぶされた形で共同墓地に流れ着いていた。

土蔵の前に立っていたサルスベリの古木の根元あたりから新芽が出ていた。鈴木市夫の母千代が「お米の作（出来具合）を見る花」と言って大事に育ててきた花だ。庭に生えていたツワブキやスイセン、サツキと一緒に長井の新居の庭へ移し、スミヱが手入れを続けている。

津波に建物を流された鈴木酒造店だったが、宮城沖で地震が度々起きるためその対策はしっかりしていた。その効果もあって「磐城壽」の一升瓶が二百から三百本敷地内で割れずに残っていたのは奇跡に近い話だが、すべてが誰かによって持ち出されていた。

「車で浪江の様子を見に来た人間が懐かしさのあまり、持ち帰ったのだと思う。『酒を無断で持ち帰って悪かったけど、いくら払えばいいだろうか』と律儀に連絡してくる者もいたが、酒代はいらんから浪江のことをいつまでも忘れないでいてほしい」と市夫は応じたという。

「福島のチベット」

鈴木市夫の一家が東日本大震災に遭うまで酒造りを続けてきた福島県浪江町とは一体、どんなところだったのか――。

福島県は関東と東北の接点に位置し、北海道、岩手県に次ぐ広大な面積を有する。そして、浜通り、中通り、会津の三地域に分けられ、天気についてもこの地域ごとの気象予報が出される。

浪江町はこのうち浜通りにあり、双葉郡八町村のうちで中心的な位置を占めてきた。阿武隈高地の分水嶺から太平洋岸に至る、東西に広い地域で面積は二百二十三平方キロ。震災に遭う前の人口は約二万一千人だった。

沖を流れる黒潮の影響で東北にしては温暖で、年平均気温は一二・三度。夏は高温多湿で、冬は北西の季節風が吹いて晴天が多く、山間部をのぞけば雪が積もるのは年二、三回程度だった。

浪江町とその周辺の市町村はかつて豪雪地帯の会津と並び、県内でも貧しい地域で、当時は「福島のチベット」と呼ばれていた。沿岸漁業と小規模な農業、中山間地域の畜産業などが主な産業だったからで、人々は田植えや稲刈りの時を除いた農閑期の大半を関東方面へ出稼ぎに行かなければ生活ができなかった。

「東京電力の福島第一原発ができている大熊町から双葉町にかけては戦時中、旧日本軍の飛行場があったところで、赤とんぼと呼ばれる練習機がさかんに飛んでいたことを思い出す」と鈴木市夫は語るが、戦後このあたり一帯は西武グループ創業者の堤康次郎が設立した国土計画興業が所有して塩田に使われていたが、全国的な塩の生産過剰で一九五〇年代に廃止された。

この三百万平方メートルにも及ぶ広大な土地を活用し、地元の就労先確保の決め手として考え出されたのが原子力発電所だった。

後に福島県知事になる木村守江《もりえ》は一九五五（昭和三十）年にスイスで開かれていた原子力博覧会を視察して原発の可能性に心を魅かれ、帰国後、同じ福島県出身の東京電力の後の社長、木川田一隆に相談を持ち掛けた。

二人はひそかに誘致計画を練り、一九六〇（昭和三十五）年十一月に当時の福島県知事、佐藤善一郎が原発誘致を正式に表明した。

東京オリンピック（一九六四年）を前に日本が高度成長期に入っていたころで、多大な電力需要が見込まれていた。

福島第一原発の工事着手が一九六七年で、六基あるうちの第一号機の運転が一九七一年に始まり、七四年に二号機、七六年に三号機……と続き、七九年に六号機が稼働を開始した。原発は動き出すと温排水を海へ放出するので、漁業への影響も避けられないとして、多額の補償金が地元漁協へ支払われる。すると、それまでの木造船にエンジンが付き、漁具も更新され、漁業の近代化が進んでゆく。

原発の建設が始まると、双葉郡の中心地区・浪江町では作業員向けの宿泊施設や飲食店も増え、町も繁盛するようになっていく。

JR浪江駅近くの商店街周辺には飲食店が二百軒も集まり、食料品も百貨店並みの質の良いものをそろえ、高級腕時計ローレックスの代理店まであるほどだったという。

浪江町には鈴木酒造店を含め、三軒の造り酒屋があって、相馬市から楢葉《ならは》町にかけての浜通り地区全体では十軒くらいの酒蔵が並び、「浜五郷」と呼ばれた時代もあったが、今では過去の栄華話となっている。

そうした町で酒を醸して売る鈴木酒造店にとって、かかわりが深いのはあくまでも漁業者とのつながりだった。

板子一枚の男酒

浪江町の沿岸部に開けた請戸地区は、福島県いわき市の小名浜や相馬市の原釜などと並ぶ浜通りの代表的な漁村である。

東日本大震災の前には約四百世帯、千二百人が暮らしていて、請戸港から百隻近い漁船を沖へ出し、ヒラメやアイナメ、スズキなど東京の築地市場で高値が付く「常磐ブランド」の魚を取っていた。

黒潮と親潮が沖でぶつかり合うため、プランクトンの発生も多く二百種近い水産物の水揚げがあり、震災前の二〇一〇年の、相馬双葉漁協請戸支所の水揚げ高は約八億円。震災に襲来された日は煮付にすると旨いナメタガレイが好漁で、漁師の中には一日で十五万円の水揚げをした者もいたという。

日本全国の漁協を見ると、組合員の高齢化が深刻なところがほとんどだが、請戸の場合、二十代や三十代の若手組合員も多く、元気あふれる漁業集落だった。

そうした海辺の町に江戸時代の天保年間に創業した鈴木酒造店は相馬藩の廻船問屋から始まり、醸造業へ展開していったが、漁師と共に歩む酒を造ることが何よりもの誇りだった。

「板子一枚下は地獄」という言葉があるように、命の危険と隣り合わせの仕事をする漁師の世界では何事にも縁起を重んじる。皆で祝う——「壽ぐ《ことほ》」という、めでたい意味も加えて「磐城壽」という名前の酒が生まれたのだった。

漁業協同組合が広域化する前の、地元で単位漁協だった時代には水揚げを終えた漁師の間で「今日は酒になった」「酒になんねえ」という言葉が交わされた。

「酒になる」とは水揚げが二十万円以上あれば、「磐城壽」の一升瓶を一本漁協から船主に大漁祝いとして渡していたのである。

請戸支所では水揚げ額の一割は組合が、半分は船主、残りは船員で分ける決まりになっていて、漁師の所得も高く、若い漁師の結婚や後継ぎ問題での心配もあまりなかったという。

「磐城壽」はそんな地域で、祝いの酒、暮らしの酒として漁師に親しまれてきた。ラベルのデザインは船の羅針盤をイメージしたもので、請戸の漁師は船の進水式の時には「磐城壽」の酒を船体にふりかけて船を清めて航海の安全を祈願するのだという。

二〇一八（平成三十）年一月二日、震災後中断していた請戸漁港での出初式が七年ぶりに行われ、約二十隻の漁船が一キロ沖へ出てお神酒を捧げ、漁業の復興を願ったが、この時の酒はもちろん磐城壽だった。

「磐城壽はどちらかといえば甘口系統だが、口に含むとトロリとした濃い酒」と説明するのは鈴木酒造店の社長・鈴木市夫で、

「新潟の淡麗辛口な酒とは対照的で、一口飲んだ時、のどがぐっと広がって酒が体へ入り、それからのどがキュウと絞まる。

のどの奥が丸くなるのがうちの酒の特徴です。海が荒れた時にはしょっぱく感じる井戸水で造るため、絞ったばかりの時はどうしても粗いので十か月以上は寝かせて、麴の香りが消え、酒の旨みを引き出してから売りに出していた」と話す。

料亭でも味わえない浜の味

「磐城壽」の酒造りが終わる三月の甑《こしき》倒しの場で、蔵元の鈴木市夫が最も楽しみにしているのは、アンコウのどぶ汁やシラウオの刺身を肴に蔵人に半年間の労をねぎらうことだった。

いわき市出身の妻スミヱは請戸で手に入る海と山の幸を自由自在に料理し、食卓に何品

も並べてみせる。地方で酒を造る蔵元の夕げの食卓は、どんな地元の割烹でもかなわないレベルの酒の肴や料理が並ぶのである。

アンコウなら常磐沖で取れた大きなものを一匹丸ごと手に入れ、一口大にぶつ切りにする。まずアン肝を鍋で煎《い》り、そこに切り身を入れて炒め、一センチの厚さに切ったダイコンを加えてさらに火にかける。

柔らかくなったら、味噌を入れて味を調えるが、水を一切加えないのがコツ。アンコウの身から水分と脂分がにじみ出るからだ。

こうしてでき上がったどぶ汁やアンコウの肝を切り干し大根と和えたとも酢和えを肴に、磐城壽を豪快に呑むのが請戸の漁師流という。

シラウオは十二月半ばから翌年四月初めまで取れる体長五センチほどの小魚で、半透明で甘みがあって、ほろ苦いのが特徴。刺身にして酢醤油か醤油で食べると、身も心も洗われる気分になるという。

ネギとの相性がいい魚なので、白髪ネギをシラウオに混ぜて出すのが鈴木家の定番。火を入れると甘みが増すので、かき揚げにしてもおいしく、シラウオと塩、水だけで作る吸い物は料亭でも味わえない浜の味なのだ。

シラウオの刺身と磐城壽。東京・金町の居酒屋ひょん

請戸港には、一人乗りの伝馬船十隻も含め約百隻の漁船があって、漁師は四季折々の獲物を追い求めて沖へ出ていた。

鈴木酒造店が甑倒しを終えるころ、酒蔵から望む阿武隈高地の山々に緑が萌え始める。

春を告げる魚と呼ばれるコウナゴの水揚げが本格化されると、

「ミャーミャー」

と鳴くカモメの一種であるウミネコの飛来も盛んになり、港はにぎやかになってくる。

「コウナゴは刺身を醤油か酢醤油で食べるのが一番だが、七味唐辛子を散らすと最高。干したものに胡麻油を垂らすのも面白い」

と鈴木大介が浜グルメの味を紹介する。

この季節に旨みが増すのがメバルで、もっちりとした身と香りのよさが魅力。醬油と酒、みりんを使って煮付けで食べるのが最高で、汁を煮立ててからメバルの身を入れることがポイントという。

このころ、鈴木家の食卓をにぎわすのが野草や山菜だ。菜の花、タケノコ、タラの芽、コシアブラ、シドケ、ゼンマイ……。

大介の祖母千代の実家が同じ浜通りの大熊町の山中にあったため、この季節になると山菜がどっさり届けられた。

煮付けや天ぷらなどで食べるが、

「苦みと甘みの競演、そして清々しさにスッと心が洗われる。大人になってそのおいしさが分かったという人が多いと思うが、息子は今山菜にはまっています」

大介は自身のブログ「酒造り奮闘記」で当時五歳になった彦気《げんき》のことをこう書いている。山菜のほかにも、彦気が特に気に入ったのは菜の花で、味噌汁に入れたり、おひたし、酢の物、漬物にしたりするのが鈴木家の定番なのだが、自ら畑に菜の花を摘みに行き、幼稚園の弁当のおかずに入れてもらうほどだったという。

山菜については大介が浪江町内の高瀬川の上流へイワナやヤマメ釣りに出かけたときの土産に持ち帰る場合もあった。

ヤマメの降海型であるサクラマスが請戸川を遡上《そじょう》するころ、モクズガニが多く取れるので、浪江町の家庭では「がにまき」という郷土料理を作ることが多い。このカニは上海ガニに似て味がいいので、すり鉢ですりつぶした身で味噌仕立ての汁にする。

「浪江では三世代そろう家庭が多いので、がにまきなどを一家で味わったところもあるのでは。こうした豊かな海辺の食文化を後世までしっかりと残していきたい」と大介は語る。

四季折々の海の幸

山菜の季節が終わると、うっとうしい梅雨がやって来る。長雨が山から栄養分を運び、海の色も変わると本格的な夏の到来だ。スズキやアイナメといった白身魚、ホッキ貝も水揚げされる。

請戸を代表する夏の魚は何といってもスズキに尽きる。脂ものり、甘みもあって旨いという。活〆にして築地市場へ直送され高値が付く。

「スズキは捨てるところのない魚で、刺身はもちろん塩焼きもいける。残った皮に塩を振り軽くあぶったり、アラは潮汁に。この時期のスズキは骨にも脂がのっているほど」と浜の男たちは賞賛する。

釣り人も狙うアイナメは夏が旬の白身の魚で、たたきがおすすめ。上品な甘さが特徴だが、三十センチ以下のものは小骨が気になるので、三枚におろした身をネギ、ショウガなどの薬味とともに包丁でたたき、わさび醤油で味わう。味噌で和えても食通はうなるという。

ホッキ貝は東北から北の沿岸部でしか取れない大型の二枚貝で、漁師は毎朝、沖へ二艘引き網の船で出て夕方四時ころ港に帰ってくる。取れたてを刺身にしてわさび醤油で食べるか、生の玉ねぎと細かく刻み、味噌で和えると浜の味。炊き込みご飯にしてもおいしい。天ぷらやホッキの切り身を貝殻に並べて、醤油と「磐城壽」を注いでさっと煮詰めると、バーベキューの時には肉より人気が出る。

この季節、鈴木大介の弟荘司にとって目がないのは一本釣りのカツオだ。いわき市の小名浜港へ水揚げされる近海カツオが多いが、請戸沖で取れたカツオもたまになじみの「舛倉魚屋」に並ぶため、刺身で食べることを好んだという。

この魚店は手に入れたカツオに包丁を当てて気に入らない場合は、客から金をとらずにただで刺身にして手渡すほどのこだわりの店だった。

「高校時代、野球部の練習を終えて帰宅して食べた時のカツオの刺身の味は生涯忘れられない。ホシと呼ぶカツオの心臓を塩焼きにしたものにも目がなく、これに合わせるのは磐城壽の普通酒が一番良かった」と荘司は振り返る。

普通酒というのは値段は大衆的だが、「磐城壽」の場合アルコール添加酒に山廃の古酒を加えて燗上がりがするよう仕上げた酒で、「これがなければ宴は始まらない」と請戸の漁師に一番人気がある酒だった。

荘司はこのほか、いわき市の特産物であるウニの貝焼きを気に入っており、こちらは磐城壽の純米酒が合うという。貝焼きは母親のスミヱの故郷いわきの料理で、ホッキ貝の殻にムラサキウニを盛りつけたものを蒸し焼きにして作る。磯の香りは失われず、甘みもあって酒の肴として超一級品といえよう。

季節は巡り、請戸の秋を代表する魚といえばサケで、地元では「さけのよ」と呼ぶ。かつて相馬藩主が請戸川を「お止め川」と称してサケの漁を禁じて繁殖に力を注いだ結果、東北でも有数のサケが多く遡上する川となった。「たくさんのサケが川をさかのぼって、川の色が真っ黒になるほど」とは浪江町民の言葉だ。

鈴木酒造店の庭にツワブキの黄色い花が咲き始める十月下旬から十一月上旬にかけサケの遡上はピークになる。

鈴木家は地元の泉田川漁業協同組合に入っていたためシーズンになると簗《やな》でかかったサケが一日十本以上も配給されるので、

「イクラが食べ放題などといっても食べきれるものではない。母は家族に飽きさせないため、サケの料理を毎日工夫していました」

と大介は語る。

サケのはらこ寿司やちゃんちゃん焼きのほか、サケカツレツのバルサミコ酢かけやぶつ切りをダイコン、ニンジンと味噌味で煮込んだ紅葉汁などが食卓に上がった。

荘司はサケの白子の鮮度がいいものに塩をふって軽くあぶるのが好みで、磐城壽の純米酒に合わせたという。

イクラではなくて、サケの筋子を「磐城壽」の酒粕に漬ける粕漬けは地元の左党の間で大評判だった。

サケの季節が終わり、年の瀬が近づき阿武隈おろしの冷たい風が吹くころになると、請戸港では網かごからタコを取り出す漁師の姿を見るようになる。

生きたタコの皮をむいて薄切りの刺身にして食べるのがお薦めだが、タコについて大介は子どものころの思い出を自身のブログに次のように書いている。

「生きたタコを家の外の流し台に入れておいたら、いつの間にかいなくなった。気が付いたら堤防から海に向かってモソモソ動いているタコがいて取り押さえたが、五十メートルも歩いて逃げようとしていた。結局、その日の夕食の食卓に上がり、この時人間としての業のようなものを初めて感じたものです」

タコのほか、請戸の漁師は寒さが強まるこの季節、マコガレイや大型のヒラメを取ってくる。カレイはエンガワに張りがあってつやのあるものが鮮度は良く、煮付けがお薦め。底魚の帝王・ヒラメは見かけとは違って獰猛《どうもう》な顔をしていて、歯がギザギザしているので漁師も手を切らないように注意しているが、刺身、焼き物、煮付け……と何にでも向くオールマイティだ。

冬はこのほか、肝がうまい底魚のドンコ（エゾイソアイナメ）やマダラも水揚げされる。ドンコは見た目が不細工で、どんな魚でも食うので「海の掃除屋」とも呼ばれる。淡泊な身と肝を包丁でたたいて和えたドンコのタタキはアンコウにも引けを取らない美味と言える。いたみの早い魚なので、地元で食べるのが一番だ。

この時期に産卵期を迎えるマダラは身が太るので、タラ鍋が一番。「目玉とか頭肉、骨などのアラを入れるのがコツ。いい出汁が出るから」と大介。タラ鍋は味噌仕立てで白ごまを使うと風味が倍増するそうだ。

甦る食の縁プロジェクト

以上、請戸の四季の海の幸について触れてきたが、ひとたび海が荒れれば港町とはいえ鮮魚は手に入らず、干し魚や煮魚のような味の濃い魚にも合うように造ってあるのが「磐城壽」という酒だ。

「世は純米酒ブームで、うちでも七割は純米酒だが、本醸造酒も十分いけますよ。アルコールを添加すると味が薄くなるので、麹の比率を五パーセント上げて濃い酒に仕上げている。

燗酒、常温、冷やのどの飲み方にも合うよう造っているので、一升瓶の酒をその都度好きな飲み方で楽しんでもらえれば。香りはあまり立たないが、コメの味がしっかりするのがうちの酒の特徴」

とは杜氏を務める鈴木大介の言葉である。

そんな大介が二〇一九(令和元)年九月から、鈴木酒造店のホームページ上で進めているのが「甦る食の縁プロジェクト」だ。

これまで紹介してきた浪江の海、山、里、川の豊かな恵みについて、地域の暮らしが分かるようなメニューを集めて発表し、「震災復興の一助にしてもらえたら」と話している。

浪江町内では請戸港から試験操業の漁船が沖へ出ているし、浪江町内でもコメの試験栽培が始まるなど、震災復興へ向けた動きが少しずつ広がってきているからである。

震災メモリアルの献杯酒

鈴木酒造店の敷地と隣接して建っていたのが苕野《くさの》神社だ。平安時代の『延喜式』にもその名前が出てくる由緒ある社で、始まりは請戸沖の苕野小島にあったとされ、平安時代の貞観津波で流されて現在地に移ったとの説もある。

境内には「安波様《あんばさま》」と呼ぶ神さまが祭られていて、海上安全や大漁祈願をする漁業者が地元だけでなく浜通りの各地や茨城など他県からも参拝にやってきた。

毎年正月の二日には水揚げが最も多かった船に苕野神社の神官や町幹部らが乗る出初式が行われる。請戸の漁師たちが総出で沖へ船を出し、かつて苕野小島があったあたりで船を三度回した後、沿岸部を巡航する。

この時にお神酒《みき》として使われるのは先にも触れたように「磐城壽」だ。

二月の第三日曜日に行われる安波祭では五基の神輿《みこし》が請戸の集落内を練り歩き、神楽が神社に奉納され、花笠をかぶった女子児童は「田植え踊り」を舞う。

この時、神輿をかついだ漁師が必ず立ち寄るのが鈴木酒造店で、「うちで振る舞いの酒を浴びるように飲んでから下帯姿で冷たい海へ入って行く。神輿を上下に激しく揺り動かすさまは圧巻です。酒を呑んで気合を入れなければ二月の海では寒さにとても耐えられないのでしょう。大人たちってすげえぞ、と思っていたもんです」

と鈴木大介は子ども時分の思い出を語る。

苕野神社は大介や荘司の兄弟ら請戸地区の子どもたちが小学生時代にラジオ体操をしたり、クワガタなどの昆虫探しをしたりする身近な空間で、毎年八月七日には神社の例大祭が行われ、盆踊りや屋台を楽しんだものだという。

そんな身近な苕野神社だったが、震災が起きた時には母屋の屋根瓦がすべて崩れ落ちた。地元消防団員だった大介が近所を巡回していたところ、宮司の鈴木澄夫がイヤホンでラジオを聴いている姿を見かけたため、急いで避難するよう呼び掛けたが、最終的に鈴木夫妻と禰宜《ねぎ》をしていた鍋島夫妻の四人が帰らぬ人となった。

「津波の第一波が来る十五分前に姿を見かけ、声をかけたので十分助かったと思っていたのに……。神社の跡取りも決まり、歴史をつなぐことができそうで安心したと親しい人に話していたと伝え聞いていただけに、残念でなりません」

こう話す大介は二〇一六（平成二十八）年に山形市で酒屋「六根浄」を営む宮城県気仙沼市出身の熊谷太郎と「ゴールデンスランバ」という震災メモリアルの献杯酒を造った。

震災から五年たった東北は復興とはほど遠い状況ながら、未来に向けて生きる思いを伝えるため祈りの姿を黙とうから献杯に変えるためだ。

福島産米の夢の香と協会六号酵母で醸した酒は、甘味と酸味の調和がよく取れたすっきりした酒。ビートルズの名曲にちなみながらも、名前の由来となったのが気仙沼の安波山と苕野神社の安波信仰の「安波様」だったという。

江戸の廻船問屋

太平洋側の代表的な港、福島県いわき市の小名浜から宮城県の塩釜市までは海上で約四十里（百六十キロ）の距離で、そのほぼ中間に位置するのが浪江町の請戸港だ。

鉄道のない時代は農林漁業の生産物や生活物資はすべて船と馬を使って運搬するしかなかった。

その請戸港に流れ込む請戸川は浪江町の津島地区に水源を発し、途中で高瀬川を合わせて下流では泉田川とも呼ばれる。河口付近に幅百二十メートルの大きなヤナ場があることから東北でも有数のサケ漁場になっている。

請戸川の上流は原生林なので水量が豊かで、請戸港には海中に岩礁があり、それが天然の防波堤の役割を果たし、大型船の出入りが可能になってきた。

江戸後期の請戸港では相馬藩の米蔵が四つもあって、藩の使う大型輸送船である千石船の「明神丸」が江戸に向けて年貢米を送り出していた。また藩特産の大堀相馬焼を俵に詰めて同じ明神丸で江戸へ送っていた。

請戸は北前船の東回り航路の拠点でもあったので、天明・天保の大飢饉で疲弊しきった藩経済の立て直しに、相馬藩と御用商人が提携してこの航路を使って交易を図り、その収益で藩財政を潤した。

文化─天保年間（一八〇四─四五年）には請戸の鉄問屋志賀七十郎が南部藩（今の岩手県）の委託を受けて荒鉄を三十年間にわたり請戸港まで運んで、ここから馬で阿武隈高地の各地に届けたこともあったという。


津波に遭い、鈴木酒造店の家系にまつわる貴重な史料はことごとく流失したので、浪江町史や鈴木家の知人が所蔵していた史料と家族の記憶で鈴木家の歴史をたどると、酒造店を営むようになったのは一八四〇（天保十一）年ごろで、相馬藩から濁り酒の製造免許を与えられたからだった、という。

このころ鈴木家の主要な事業は廻船問屋で、「延命丸」や「得運丸」などの大型船を使って米や地元で焼いた大堀相馬焼を江戸へ運び出し、砂糖や日用雑貨などを持ち帰っていた。大堀相馬焼は、江戸初期の元禄年間に始まった焼き物で、疾走する馬の絵付けや表面に細かく入った「青ひび」で知られる縁起物として好まれた。

請戸港は相馬藩が外とつながる窓口でもあったため、歴史上に名前を残した人物も訪れている。

北方領土の択捉島《えとろふ》に「大日本恵土呂府」の標識を立てたことで知られる蝦夷地探検家で、幕臣の近藤重蔵（一七七一―一八二九年）が足跡を残している。

日本各地を十七年間かけて測量して歩き、日本全土の地図を初めて作った伊能忠敬《いのうただたか》（一七四五―一八一八年）も享和元（一八〇一）年に請戸で旅装を解いていた。

当時、請戸には旅館や料亭が十数軒あったが、彼らが泊まったのは鈴木家だったとみられる。というのは、鈴木市十郎を当主とする一家は地元御三家の一つという名門で、外からの要人を積極的に受け入れていたからだ。残る二つは熊川家と浜谷家で、熊川家も「慈願丸」という運送用の大型船を持つ廻船業者だった。

鈴木家は廻船問屋を営んだ関係で、幕末には明治新政府軍に抵抗した奥羽越列藩同盟の荷物を相馬藩の指示を受けて江戸へ運んでいる途中、銚子沖で長州藩に拿捕される事件に巻き込まれたこともあった。積み荷はすべて没収され、莫大な金を払って船と乗組員を返してもらったと一家の間では語り継がれている。

その一方で、請戸ではこのころ夏から秋にかけて沖合でカツオがよく取れたので鈴木家ではカツオ漁船七隻を持ち、カツオ節を作ってカナダへ輸出していた。

このため、静岡県の焼津から加工専門の技術者まで招くほどの熱の入れようで、全国の水産博覧会に出品して度々入賞したが、潮流の変化でカツオの漁場は遠くなり、昭和初期には操業をやめている。

鈴木家ではこのほかに銀行業も営み当時としては驚くほど多角的に事業を手掛けていたので、醸造部門への力の入れ方はそれほどではなかった。

しかし、そんな海運主体の請戸の町も一八九八（明治三十一）年に日本鉄道株式会社の海岸線（現JR常磐線）が開通すると、物資輸送の主役は鉄道に取って代わられていく。常磐線の開設は浜通り地区の石炭を京浜地区へ運んでほしいという経済界の要請によって進められ、浪江駅から上野駅まで十時間余りでつながったが、これは船便と比べれば驚異的な速さで、交通革命と呼べるようなものだった。

鈴木家はこれを機に海運から陸運に転じ、長塚（現在の双葉）、大野の二駅前で丸通（鉄道貨物取扱い運送店）を営み、大正初期には浪江駅でも丸通を開業した。

太平洋戦争末期のロケット砲撃

東日本大震災が起きた時、鈴木酒造店の社長、鈴木市夫は津波から逃れるため、浜辺から小高い丘の大平山へ自転車で避難する途中、太平洋戦争中の自身の体験を思い返していた。

古希を過ぎても酒造りの一線に立ち続ける市夫は一九三九（昭和十四）年九月に鈴木家五代目当主・新一と千代の間に長男として生まれた。二男、二女の姉弟四人がいる。

日本は市夫が生まれた二年後の一九四一年に英米へ宣戦布告して、泥沼の太平洋戦争へ突入するが、軍需優先の重苦しい空気は全国に蔓延《まんえん》し、東北の港町である浪江とて例外ではなかった。

鈴木酒造店は酒蔵の規模が大きくなかったので、一九四三（昭和十八）年に酒蔵を統廃合させる企業整備の憂き目に遭った。タンクや釜などの金属類は武器等をつくるためすべて供出され、蔵の中はガラーンとなった。

「オヤジはフィリピン戦線へ狩り出され、酒造りなどできる状況ではなかった。戦局も厳しくなり、酒蔵の煙突は高くて、敵機の攻撃の標的にされるから倒してくれないか、とまで近所の住民に言われていたそうです」と市夫はこのころを振り返る。

米軍機は国鉄常磐線の鉄橋や工場、小学校などを狙って上空から機銃掃射を繰り返していたから、住民の恐怖感も分からなくはないが、市夫は子どもながらに割り切れない感情を持った、という。

しかし、父親の新一が外地へ出征中、留守宅の鈴木家を守ってきたのは母親の千代で、女の細腕ながら毅然とした態度を取り酒蔵の煙突は守り通したのだった。

千代は浪江町の隣、双葉町に隣接する大熊町の酒蔵に生まれ育ったが、何でもできて、人付き合いもよく、世の中のことを政治に至るまで詳しく知っていた。市夫の妻スミエに漁師料理をはじめ、蔵元夫人としての心構えや仕事を教えたという。


戦中の話に戻るが、大都会ほどの空襲がなかった請戸の住民が驚いたのは戦争末期の一九四五（昭和二十）年七月、目と鼻の先の請戸沖で行われた米海軍による日本輸送船への相次ぐ攻撃だった。

第一波は米軍の大型水上機が木造船を低空爆撃で炎上させ、その十日くらい後の深夜に潜水艦が浮上して小型船を砲撃して撃沈した。その様子を陸で見ていた請戸の人々は次々と打ち上げられる花火を見るようだと話し合っていたと伝えられる。

その後、日本が降伏直前の八月九日、十日と浪江町の海岸部一帯は米艦上機の数波にわたるロケット砲撃と機銃掃射を受けた。これは米艦隊が岩手の釜石を艦砲射撃するための援護作戦として東北地方の太平洋沿岸で一斉に展開された。

浪江以外の町ではかやぶき屋根を貫通してきた銃弾が子どもの命を奪ったケースが何件もあったという。幼い市夫は母親の千代に連れられて請戸の酒蔵から荷車に乗せられて大平山の防空壕を目指した。

　この道はそれから六十六年後に東日本大震災が起きた時、市夫の孫の彦気が請戸小学校の教師に引率されて児童ら八十二人とともに緊急避難したルートでもあった。日ごろから訓練をしていたわけではないが、山道に詳しい児童がいたことから津波に追いつかれそうになりながら、間一髪で逃げ切ったという。

　大平山は中世の山城があったところで、防空壕が掘りやすかったことから戦時中も請戸地区の避難場所になっていたのである。

「防空壕に入ると、中は真っ暗で食べるものもろくにない。外へ出て思い切り遊びたいと思っていたので、戦争が終わった時は本当にうれしかった。海辺に育ちながらも戦争中は泳ぐこともできない息苦しい時世だったのだから」

　そんな時代に育った鈴木市夫は戦後まもない一九四六（昭和二十一）年春に地元の請戸小学校へ入学した。半農半漁の町で暮らす一年生は七十六人いてそれぞれ男組、女組に分かれ、二年生になってから共学になった。

　物資のない当時、学校に通う子どもは素足がほとんどで、夏に海水浴をするときは水泳のパンツもはかず素っ裸という状態。男児は海岸でスカ野球を楽しんだ。スカとは砂浜の意味で、芋がらを丸めてタコ糸で縛ったボールを木を削って作ったバットでスコーンと打つ。
青バットの大下弘、赤バットの川上哲治が活躍するプロ野球に憧れた請戸の子どもたちはボールが浜辺から海に飛んで行ったら、それを追いかけそのまま海水浴に興じるというように奔放に遊んだ。皆真っ黒に日焼けし、背中の皮がひと夏に三回むけるほどだったという。

歴代鈴木家の顔ぶれ

フィリピンのレイテ島で従軍していた父親の新一は一九四六（昭和二十一）年秋に浪江へ帰ってきた。

「高射砲で敵機を撃墜しようとしても弾がそこまで届かないのだから、日本が戦争に勝てるはずもない。そんな話は聞いたこともあるが、オヤジはあの時代のことはあまりしゃべろうとしなかった」

と市夫は振り返る。

農業だけでは食べていけないので、翌年冬から一家で酒造りを始めるが、企業整備で一度廃業に追い込まれた酒蔵をよみがえらせるのは大変なことだった。

仙台の国税局へ足繁く通い、蔵の復活を訴え、現地視察へ役人に足を運んでもらうところまで段取りを付けた。そのために、双葉町の知り合いの酒蔵からタンクや釜などを借りて事前に荷馬車で鈴木酒造店へ搬入し、準備が整っているように見せ、国税当局の目はすり抜けた。

「小学二年生の時から毎朝五時に起こされて酒米をふかして冷ます作業を手伝わされた。それが済んでから朝飯というのが日課で、酒ができたら、今度は井戸へ行って瓶洗いをさせられた。当時はテレビもない時代だったから、夜九時には全員が寝床に就いていた。オヤジは復員後、周りから町会議員に推されたりして、酒造りにあまり熱心でなかったので、祖父の市三郎が自分に期待をかけてきた」とは市夫の弁だ。

鈴木家四代目の市三郎は一八七五（明治八）年ごろに生まれ、請戸地区で運輸業、金融業、醸造業、漁業と手広く事業を行い、一族の中では鈴木家中興の祖と呼ばれていた。

「地域で銀行を興すなど才覚のある人で、常に節約を心がけ、必要な時には金を出す。自分が高校へ進学するときには自転車を一台プレゼントしてくれたが、普段は野球のボールの一つも買ってくれなかった。自分が大学三年の時に亡くなったが、祖父の影響をかなり受けていると思う」

このころの市夫にとって父親の新一との思い出といえば、酒蔵を再開させるための金策で上京する際には必ず同行させてもらったことだという。

目黒にある親戚の家へ泊めさせてもらったが、手土産は生卵を五十個くらい古新聞に包んだものと干し柿を持っていくと喜ばれたそうだ。

「SL（蒸気機関車）が走る時代だから、トンネルで列車の窓を閉めても石炭ガラの細かいのが目に入って大変だった。それでも上野へ一日がかりで着くと、菓子屋へ寄り甘食という、この世にこんな旨いものがあるのかという菓子パンを食べさせてもらったことを鮮明に覚えている」

純米造りの先駆者

戦後の復興へ向け社会がさまざまな動きを見せる中で、鈴木市夫は請戸小学校からすぐ近くの請戸中学へ進み、野球部に所属した。

高校は自宅から自転車で四十分の距離にある福島県立双葉高校へ進学したが、酒蔵の手伝いもしながら、草野球の対抗試合に出たりして忙しい青春の日々を送った。

「入学試験の成績順で編成された上位のクラスにいたが、理科系よりむしろ文科系の方が得意だった」

こう振り返る市夫は一九五八（昭和三十三）年に双葉高校を出ると、東京農業大学の醸造学科へ進学する。常磐線で浪江から上野までは普通列車で七時間かかった時代のことだ。

当時の農大は酒造りそのものを教える大学というより、酒蔵経営の実務を教えた。このころ酒蔵はどこでも杜氏がいて酒造りの陣頭指揮を執っていたからだ。

一年生の時には、小田急線の東生田に学生寮があって、そこから世田谷の農大キャンパスへ通った。

「東京は空気の悪いところで、上京したばかりの時は二、三日気分が悪かった。寮に入ったらすぐ歓迎会が始まり、酒責めにあったのも驚きでした。授業では簿記のほか、三井銀行の支店長経験者の話を聞いたり、証券取引所を見学したりしたが、これは将来きっと役に立つと思った」

二年生に進級すると、一学年四十人のクラスに振り分けられ、一人ひとりが自分専用の実験机まで持てるようになった。

この時、出会ったのが東京農大の名物教授、塚原寅次だ。

全国の酒蔵で今もポピュラーに使われている協会七号酵母を分離したことで知

酒瓶を点検する鈴木市夫、2017年５月

られる酵母研究の権威である。

「いい先生で、皆で仲良くやろうと野球チームを作った。研究室同士で対抗戦をやったが、自分はキャッチャーで二番を打ち、先生はファーストで三番だった。野球が終われば必ず呑み会を開き、日光や諏訪などあちこちへ旅行にも出かけたものです」

塚原は「まともな酒を造らなければ日本酒が生き残る道はない。日本酒は米から造るのだから純米酒が当たり前」と言うのがログセで、市夫も故郷の浪江へ帰って三年ほどたった昭和四十年ごろには純米酒を造るようになっていく。

同じ塚原の教え子で、鈴木市夫の後輩に当たる埼玉県蓮田《はすだ》市の神亀《しんかめ》酒造専務小川原良征《おがわはらよしまさ》が蔵の酒を全量純米酒に切り替えたのは一九八七（昭和六十二）年だったことを考えると、鈴木酒造店はそれよりかなり早い時期から純米酒の造りも手掛けていたことになる。

「ウチみたいに小さな蔵は他と同じことをやっていてはダメで、一歩でも半歩でも先に行くことが大事だ。昨年と同じ酒を今年もつくって満足しているようでは進歩がない」

塚原研究室にいて市夫はそんなことを考えるようになっていく。

親子二代で東京農大

鈴木市夫は一九六二（昭和三十七）年に東京農大を卒業してから三年後に、恩師の塚原が仙台で学会があった帰りに研究室の助手二人を連れて浪江へ遊びにやってきた。梅雨に入った六月ごろのことだ。

「オフクロが先生たちのためにスズキを一匹丸ごと買い、刺身や塩焼き、アラの吸い物などのごちそうをたくさん作ってくれ、『磐城壽』を浴びるほど呑んでもらったものです。

農大は一クラス四十人の大半は酒蔵か味噌、醬油を造っている蔵の子弟で、居心地もよく、うちの大介と荘司の二人の息子も農大へ行かせることにしました」

市夫が農大を卒業して浪江の蔵へ戻った時、酒造りをしていたのは南部杜氏の浅沼善二で、高齢によりまもなく引退して後を継いだのが同じく岩手出身の佐々木康夫だった。

佐々木は市夫と齢も近く、鈴木酒造店に十五年いてから北海道・小樽の北の誉酒造へ移っていった。

「佐々木杜氏は腕がよく、いい酒を造ってくれた。彼の時に純米酒の製造を始めたのは自分が大病した関係もあって、体にいい酒を造らなければと考えたからです」

鈴木酒造店では酒米へのこだわりはもちろんだが、酒造りに使う水にも神経を使っていた。

日本酒の世界では一升瓶（一・八リットル）一本の酒を造るのに四十から五十倍の水を使うといい、鈴木酒造店では浪江時代、五百石（一升瓶五万本）を造っていたので、最低でも三百六十万リットルの水が必要とされたが、これはすべて敷地内にある二本の井戸の水でまかなっていた。

この井戸水は請戸川の伏流水で、カルシウムやマグネシウムが多い硬水。海からのミネラル分とクロール分が多く含まれていて、「磐城壽」という酒の発酵に独自の役割を果たしていた。ミネラル分は酵母の発酵を盛んにし、クロール分は米を溶かし米の味を十分に引き出す。

このクロール分が酒に独特のトロミをもたらせ、「磐城壽」の特徴となっていたのだが、鈴木市夫は仕込みに使う井戸水を電子技法で有害物質を除去してさらに安全なものにしてから酒造りに使っている。

電子技法とは水を電子チャージすることにより、クラスター（分子集団）が小さくなり、浸漬還元力がある丸みのある水になるのだという。その結果、貯蔵にも耐える強い酒ができる。


鈴木家の六代目当主・市夫が所帯を持ったのは東京農大を出て浪江へ戻ってから八年後の一九七〇（昭和四十五）年、大阪で万国博が開かれた年のことだ。

福島県いわき市出身で、七歳年下の飯塚スミエと見合いをした。青山学院短大の国文科を出ていて、七人きょうだいの五番目で二女。

芯が強く、魚の料理方法を市夫の母千代に教わって腕を磨き、酒蔵のオカミとして一家を支えていく。

一九七三（昭和四十八）年三月に長男の大介、一九七五（同五十）年二月に二女淳子、翌年七月に二男荘司が誕生している。

現在は東京都調布市の神代中学で英語の教師を務める淳子は小学校高学年の時に、鈴木家の子ども三人が居間に座らされて市夫から次のように言い渡されたことを覚えている。

「いいか、よく聞きなさい。大介と荘司には酒造りの家業を継いでもらいたい、と思っている。淳子は自由に生きていいが、人に頼らず自立して生活できるように、しっかり勉強しなさい」

父の言葉を受けて、淳子はあこがれの英語教師になるため、青山学院大文学部の英米文学科に進学し、卒業後にカリフォルニアへ一年間留学した。

帰国後は福島県の教師となって、福島市や相馬市、浪江町の中学で英語を教えたが、結婚を機に東京へ引っ越していった。

「請戸ではいつも波の音が聞こえ、夜はうるさくて眠れないこともあった。夏になると、海辺では霧がかかってカーテンのように見えたことも。海の水が蒸発したんですね。

秋は嫌いな季節でした。サケが毎日家へたくさん届けられ、食卓はサケの料理だらけだったから。冬はアンコウの友和えを食べられるから好きでしたよ」

そんな四季の中で一緒に暮らした兄・大介と弟・荘司を淳子はどうみていたか。

「兄は社交的で、新しいことに取り組みたがる。責任感も強いが、ワガママな面もある。弟は実直で、思いやりのある性格。杜氏もいなくなった時代に、兄の酒造りを実質的に支えているのは弟だと家族の誰もが感謝しています」

そんな大介と荘司の兄弟は、どんな生い立ちをしてきて、現在に至るどのような酒造りの修業をしてきたのだろうか。

大介は中学時代から盗み酒

「学校から家へ戻ってきて、酒蔵の煙突から煙が出ているのが見えてくると、ああまたかとイヤになった。休みの日にも瓶洗いなどをやらされると思って、それで野球を始めたのです」

鈴木酒造店の大黒柱で、鈴木市夫一家の長男、大介は地元の請戸小学校へ通っていた時分の思い出をこう振り返る。

「オヤジはこのころから純米酒を造っていたし、いいものをつくりたいという熱意は息子

蒸米を冷ます作業をする鈴木大介と長男の彦気、2014年10月、堀誠撮影

にも十分伝わっていた。日曜に酒蔵の手伝いをさせられるのはかなわないと思う半面、酒造りはいいなあと正直思っていたものです。

　中学時代には冷蔵蔵に貯蔵してあった有名な酒蔵の四合瓶のキャップを外してこっそり味見もしていた。これならうちの酒は決して負けていないぞ、と感じていた。この盗み酒の経験がなかったら酒蔵の後を継ぐことはなかったと思う」

　父の市夫はそんな大介を小学校時分から鍛える時には鍛え抜いた。

　小学一年の時、運動会の徒競走でビリから二番目になると、翌朝から三年間ストップウォッチを持って大介を毎日、酒蔵脇の堤防を走らせた。

「今日は何分何秒……。もっと頑張れ」と叱咤激励し、その結果、四年の時には長距離走で一番に躍り出た。

この記録を破ったのが弟の荘司だった。高校時代は甲子園球児だった荘司については後に触れるが、大介は浪江東中学で卓球、双葉高校と東京農大ではサッカーに親しんだ。

趣味も多彩で、自転車、バイク、渓流釣り、ラジコン……と、荘司の目から見ると「兄はやりたいことは何でもやった」そうだ。そうした経験が後に個性ある酒造りに結びついていくのかもしれない。

鈴木大介は一九九〇（平成二）年四月、東京農業大学に入学する。農大創立百周年の年で、国税庁醸造試験所の所長も務めた吉澤淑《きよし》の研究室に所属して、清酒にエステル系の芳気成分を加えると、味がどう変わるかを実験分析した。

同じ学年には今では全国で名を知られた酒蔵の経営者が多いが、山形県米沢市で「雅山流」を醸す新藤雅信とは入学から卒業までの四年間、メシを食う時はいつも一緒という間柄だった。

それだけに、東日本大震災が起きて浪江から避難するとき、隣県に住む新藤のところへ一家で身を寄せたことは前にも触れたとおりである。

「大介はしゃべることは得意でなく、何かワンテンポが遅れる感じ。それでも学生時代から皆に人望があったのは、何事も行動が早く、誠実だったからだ。いやなことがあってもすねたりしないところも仲間に気に入られたのだと思う」

新藤は学生時代の大介をこう評するが、震災後、各地の酒販店が企画した酒まつりなどに呼ばれ、人前に立って話をする機会が多くなるにつれ、大介のスピーチ能力も自然に磨かれていく。

同窓の岩手県二戸市で「南部美人」を造る久慈浩介は日本酒を売り込むため世界中を飛び回る国際派だが、「仲間で東北の酒をどうやって売り出すかという議論をしていても、大介は格好いいことは言わない。それより、こんな酒を造って地元の人と呑みたいという。商売っ気もなく、まさに『ザ・東北人』という男だった」と話す。

福島県会津若松市の田園地帯で「会津娘」を醸す高橋亘も大介の農大仲間で、その土地でとれるものをその土地のやり方で食する「土産土法《どさんどほう》」を標語に自ら五百万石を栽培し、自分の土地でしかできない酒造りを目指す。

「僕ら会津人は農耕民族だけれど、海辺育ちの大介君はいつも一歩先を走り、必要なものを手に入れる、まさに狩猟民族」と語り、次のように続ける。

「浪江へ何回も行ったことがあるが、お茶受けにキュウリやトマトと一緒に海で取れるホヤが出るのには驚いた。故郷に帰りたい、という彼の気持ちは痛いほどよく分かる。だから長井へ移った行動力もあるのでしょう。震災で『磐城壽』は注目されたが、それがなくても十分評価される酒を造っていた」

鈴木大介は一九九五（平成七）年三月に東京農業大学の醸造学科を卒業すると、恩師・吉澤淑の紹介で、奈良県葛城市にある梅乃宿酒造へ修業のため入った。

大阪の阿部野橋から近鉄を使って酒蔵がある新庄駅まで約一時間。大和盆地の西南に連なる葛城の峰々（二上山、葛城山、金剛山）を望み、万葉の時代から神話・伝説の地で、梅乃宿は芳醇な味の酒を造ることで定評があった。

梅乃宿酒造には当時、日本を代表する三大名杜氏の一人と呼ばれた但馬出身の石原鉄男がいたので、大介は濃厚な旨味のある吟醸造りを学びたいと志願した。

卒業式の翌日、大介はオートバイで東名高速道路をひた走り、東京から十二時間以上かけて葛城へ駆けつけたのだった。

「天気の悪い日で、大介は雨に打たれながら午後六時ごろ、蔵へ飛び込んできた。顔は真っ青で、今にも倒れそうだった。蔵では皆で晩酌をしている最中だったので、挨拶はいいから、これをすぐ呑め、と熱燗を差し出して、皆で歓迎したのです」

と当時の様子を懐かし気に語るのはフィリップ・ハーパーだ。

大介も「あんなに旨い燗酒を呑んだことはこれまでの人生でなかった。燗酒デビューといってもいい体験で、熟成酒にはまるきっかけになった」と後にこの時の感激ぶりを振り返っている。

ハーパーは英国人で、一九六六（昭和四十一）年生まれ。大介より七歳年上で、梅乃宿には通算十年いて、後に外国人初の杜氏になったが、大介とは四年間、蔵で寝起きをともにし、同じ釜の飯を食って友情をはぐくんでいく。

大介が梅乃宿酒造に入ると、教えを期待した石原杜氏は高齢のため蔵を去ることが決まっていて、一緒に仕事をできたのは一か月ほどだった。

「『米の味を出せない杜氏は一人前とは言えん』が口ぐせで、米の味がする深みのある力強い酒、石原吟醸を造ることが自分にとっても大きな目標となった。夜寝る時には布団を隣に敷いて、酒造りのすばらしさや厳しさをいろいろと教えていただいた」

石原の後を継いだのは南部杜氏の高橋幹夫で、全国新酒鑑評会では金賞を連続受賞し、「奈良の酒といえば梅乃宿」と言われる酒を造り続けた高橋杜氏から大介はさらに多くのことを学んだ。

「蔵の仕事はかなりハードだったが、大介は与えられた役割をしっかりと理解し、仕事も早く責任を果たしていた」とハーパーは振り返る。

東日本大震災が起きた時、ハーパーは大介に連絡がつかず、十日ほどして生死が分かり、「本当にうれしかった」と言って、次のように続けた。

「震災後半年で浪江から長井へ移り、酒造りを始めた。家も失い、人生が更地になってしまったら、僕なんか五年は立ち直れないと思う。なのに、大介はすごい男です」

そんな大介にほれこんだハーパーは、「磐城壽」の一升瓶のラベルの下に「IWAKI-KOTOBUKI The Fishermen's Toast」という言葉を書いて贈った。

梅乃宿酒造で学んだ山廃の造り方

梅乃宿酒造は日本各地の酒蔵がそうであるように、杜氏が蔵人を率いて農閑期に酒造りに蔵へやってくる農村からの出稼ぎスタイルにたよってきたが、四代目社長で現在会長を務める吉田暁が一九七四（昭和四十九）年にそれまでの経営方針を転換した。

大手メーカーへ酒を売る桶売りを廃止して、備前雄町米で自社ブランドの吟醸酒を造る路線に切り替えたのである。それに伴い、人材確保のため若手の採用に踏み切った。

フィリップ・ハーパーもそうした一人であり、鈴木大介も続く形で梅乃宿へ入ったのだが、農大出身者を梅乃宿が受け入れるのは初めてだった。

「鈴木君は我々の期待に見事にこたえてくれた。次の年から農大生を採用することになったのは彼の実績によるのです」と語るのは現会長の吉田だ。

梅乃宿酒造では新しい時代の日本酒として、「月うさぎ」という低アルコールの微発泡酒を売り出そうとしたが、瓶内発酵の状態が不安定だった。大介はそれを半年かけて研究し、安定させるためのノウハウをまとめ上げて報告し、「さすが農大出」と社内で称賛の声が上がったのである。

大介は梅乃宿に入ってからは、自転車で十分の距離にある大和高田市のアパートに住み、一年目は朝一番に蔵へ駆けつけ、酒質を分析する。二年目から酒母や原料処理を任された。「酒造りについて高橋杜氏からいろいろ教わったが、最大の収穫は山廃の造り方を覚えたことだった。浪江の漁師から沖のきれいな海水を梅乃宿へ送ってもらい、仕込み水の一部に使ったこともある。

浪江で山廃づくりの酒を仕込むためのイメージをつかむためだったが、海辺の蔵であるウチは山廃づくりに適していることが分かったのは大きな収穫だった」

山廃というのは、日本酒の伝統的な醸造方法で、米と米麹と水をすりつぶすように練り上げる山卸《やまおろし》の作業を簡素化して、自然界から乳酸菌を直接取り込んで深い旨みとコシのある味わいの酒を造っていく。

大介はここ梅乃宿で学んだ技術を基に、浪江に戻ってから自身にとってこだわりの酒である山廃造りの「土耕ん醸《どこじょう》」を完成させていく。

梅乃宿酒造で大介は結局四年間世話になったが、仕込みの季節を外れると営業の仕事も受け持ち、大阪の酒販店回りなども積極的にこなして、人脈も開拓した。

現在、梅乃宿酒造で会長を務める吉田暁は「酒の品質だけを追っていたら、酒蔵の自己満足に終わる」として大介に酒蔵経営のノウハウまで教えた。

「今の時代、いい酒は掃いて捨てるほどある。蔵元はそのいい酒を売る能力を身につけなければいけない。それと、五百石の蔵では一升瓶を二千円で売ったとして、一億円の売り上げにしかならない。早く一千石の蔵に成長させて二億円を売る体制を目指しなさい、とアドバイスしたのです」

大介は梅乃宿酒造で四年間の充実した酒蔵生活を終え、一九九九（平成十一）年の六月に福島の浪江へ帰って行った。

そして、その二年後には杜氏となり吉田たちの教えを実践していく最中に、東日本大震災に遭遇するのである。

荘司が薫陶を受けた丹波杜氏

鈴木大介より四歳年下の弟、荘司は小学生のころから体が大きく、運動神経も抜群に良かった。

「小六の時には一升瓶が十本も入った木箱を五段も積み上げることができた」と父親の市夫が驚くほどの力持ちでもあった。

海辺の蔵で太平洋から昇る太陽を浴び、潮風に当たりながら砂浜をかけずり回り、たくましく成長していった。

小学四年の時から野球を始め、厳しい監督に鍛えられ、浪江東中学時代にはレフトで五番を打った。

祖父、父、兄と同様に県立双葉高校へ進み、野球部に入った。

荘司が三年の時、双葉高は念願の甲子園へ出場を果たした。春の東北大会では仙台育英に敗れ準優勝にとどまったものの、夏の本番の大会では市立和歌山商業（現・市立和歌山高校）に勝ち、三回戦で鹿児島の樟南《しょうなん》高校に敗れた。

「指のけがでレギュラーにはなれず、ベンチで出番を待つしかなかったが、自分にとっては忍耐力も付き、いい体験になった」と荘司は淡々と話す。

一九九五（平成七）年四月、東京農大の醸造学科へ推薦で入学したが、キャンパスには牛やヤギがいたり、幼稚園児が遊んでいたりして、都会とは思えないのんびりした雰囲気が気に入ったという。

鈴木荘司は農大時代、小泉幸道教授の下で酵母のゲノム解析を研究していて、四年後の一九九九年に卒業してからは兵庫県丹波市の西山酒造場へ入った。兄の大介が梅乃宿酒造を出て故郷・浪江の蔵へ帰った年のことである。

「ここに美酒《うまざけ》あり名づけて小鼓という」

と俳人の高浜虚子（一八七四―一九五九年）が詠んだ丹波の地酒・小鼓の醸造元である。西山酒造場は江戸末期の一八四九（嘉永二）年に緑の山と川に囲まれた丹波の山峡で産声を上げた。銘酒小鼓は関西には珍しい、やや甘口の酒で、文人墨客も気に入り、作家の夏目漱石や児童文学者の鈴木三重吉らも呑んだと伝えられる。

荘司がこの蔵で薫陶を受けたのは、丹波杜氏の青木卓夫からだった。

一九四九（昭和二十四）年生まれで、当時五十歳になったばかりのバイタリティあふれる杜氏は荘司の初印象について「ものもしゃべらない、スポーツマンタイプ」と語り、次のように続けた。

「ゆくゆくは経営者になる若者の面倒を見るのは正直気が向かんかった。自分は生粋の職人育ちなので。うちの技術を百パーセント福島へ持ち帰っても、水が違うし、麹や醪《もろみ》の管理方法も違うから役に立たないだろう。

だけど、人の使い方や酒を造る感性、モノを見る目を身に着けてもらえばいいと思った。このころの小鼓は伸び盛りのいい時代で、他の蔵との交流や海外への研修旅行などもあり、鈴木も若い蔵人にもまれて成長したんじゃないかな」

当時の西山酒造場は三千七百石くらいの酒を造っており、その八割強が純米酒だった。その特徴について、青木杜氏は「きめの細かい、呑み飽きしない酒。水が軟らかいので酸が出にくく、甘辛でいうと甘口、秋田美人のような、なよっとした感じの酒を目指した」と話す。

「同じ酒は二度と造れない」

鈴木荘司は西山酒造場へ車で二十分ほどの京都府福知山市内にアパートを借り、朝五時半に蔵へ入り、夕方五時まで酒造りに汗を流した。宿直当番が二、三日に一度あり、四人の蔵人が泊っていた。三年間の修業期間に麹つくり、釜場、精米と三か所を一年ずつ経験させてもらった。

「アクの強い関西人の中で存在感を堂々と示せる杜氏のオヤッサンはすごいと思った」

荘司がこう語る青木は、

「同じ酒というものは二度と造れない。気候、湿度、米の蒸しの状態……すべてが違うので。だからこそ、同じ酒を造ろうとする強い姿勢がないと、自分の力を高めることはできない。蒸米を放冷機でさましたのに、外気が暖かいとそれに引っ張られる。扉は開いてないか、とか造りの期間は絶えず周囲に目を凝らせ、アンテナを張り巡らせ」

と蔵人に絶えずハッパをかけた。

酒蔵では仕込みが終わってから朝八時半から朝食を取り、昼食は十一時半、夕食は午後五時半からと決まっている。夕食は小鼓の普通酒一、二合を晩酌しながらとなるが、泊りの一番若手がさらに料理を一品つくることになっていた。

追加の定番は鶏肉と長ネギの塩コショウ炒めやイノシシの肉をニンニク醬油に漬けて焼いたものなどだった。酒蔵でコメを精米した際に出た白いヌカを山にまくとその匂いに惹かれるからかイノシシやシカが集まるので、猟師とシシ肉とヌカを交換したのだという。

追加の一品に荘司が浪江から常磐沖で取れたアンコウを一匹丸ごと取り寄せ、鍋にしたときは大きな話題になった。その時、兄大介が醸した山廃の純米原酒「土耕ん醸」も一緒に送ってきて、杜氏の青木は「こういう濃厚な酒を造るとは面白い」と珍しく人の造った酒をほめたという。

「鈴木君はいかにも朴訥な東北の青年という感じで、皆から好かれる独特のオーラを発していました。彼の話になると蔵の皆が自然と笑顔になったもんです」

こう振り返るのは、荘司に麹つくりなどの指導をした能勢隆だ。一九六四（昭和三十九）年生まれで、小鼓の製造責任者を務めていた。

「当時蔵人は十三人いて、彼は一番年下。仕事熱心で、酒を造るのになぜこういう作業をするのですか、と質問をよくしていた。知識を吸収しようという意欲がすごかった」と話す。

そんな荘司は酒をとことん呑むのが好きで、大阪の酒販店へ出かけ、福知山へ帰る途中、電車にカバンを忘れ、ベンチで寝たり、酔っぱらって田んぼに落ちたりしたこともある。

宴席でもサービス精神が旺盛で、社員旅行の時などには、畳の上で腹ばいになってマグロが跳ねる真似を一生懸命して皆を笑わせていたという。

そんな人気者の荘司が小鼓の酒蔵に久しぶりに姿を現したのが、二〇一四（平成二十六）年八月も末のことだった。

この時、京都府福知山市はゲリラ豪雨に見舞われ、中心部を流れる由良川が氾濫する大水害が起きた。西山酒造場がある兵庫県丹波市も冠水し、酒蔵は一・二メートルの高さまで泥水につかったのである。

「そんな時、荘司君は山形から車を長距離運転して掃除に駆けつけてくれた。『お世話になった蔵が大変なことになって、いてもたってもいられない気分でした』と言って、お見舞い金も持ってきてくれた」と当時の様子を話すのは、五代目蔵元の西山裕三だ。

荘司はひたすら蔵の中の泥かきをやって、長井へ飛んで帰ったが、「東北人は本当に義理堅く、人情が厚い。関西人では考えられないことだ」と西山や小鼓の蔵の仲間を感動させた。

西山酒造場で三年間修業して浪江へ帰った荘司は震災後は長井で酒造りを続けているが、酒造りで使う水は長井も丹波も同じ軟水であったというのも不思議な縁といえるかもしれない。

鈴木兄弟の妻たち

鈴木荘司と兄大介が浪江から移った新天地長井で挑む新たな酒造りのドラマを次章で追いかけていきたい。

その前に二人の兄弟の妻についてこの場で少し紹介しておこう。

鈴木酒造店は家族を軸に回す小さな酒蔵である。それだけに大介の妻裕子、荘司の妻康子の果たす役割は大きい。

左から鈴木荘司の妻康子、長女のみどり、大介の妻裕子、荘司。2013年３月、渡辺和哉撮影

二〇一五年から二〇一六（平成二十八）年の一時期、鈴木酒造店で酒造りを手伝っていた長嶋貴彦は「鈴木兄弟の奥さんまでが蔵の室《むろ》に入って、種切りまでをやっているのには正直驚かされた」と語る。

埼玉県蓮田市の神亀酒造で蔵人経験がある長嶋は「神亀では仕事はすべてが分業体制で、一人一役が徹底していた。それが鈴木酒造では家族全員が酒造りに参加するから、何でもこなせる少数精鋭主義をとるのだろうが、神亀とはまるで違う世界を見て面白いと思った」と話す。

鈴木大介の妻裕子についてはこれまでも被災後、一家を支えるバイタリティぶりなどを伝えてきたが、本人は一九七六（昭和五十一）年八月に大介と同じ浪江町内に生まれた。

郡山の女子短大を出て東邦銀行浪江支店で働くうち、友人の紹介で大介と知り合い、意気投合した。二〇〇二（平成十四）年五月に結婚し、この年の十月に長男の彦気を授かっている。

大介は初めて父親になった時の感激ぶりを自身のブログ『酒造り奮闘記』の中で、次のように記している。

「いやあ、感動的なシーンです。出産。無事に長男が誕生しました。まじ、忘れられないシーンです。嫁さん、たいしたもんだあ！ 子供もたいしたもんだあ！ 父ちゃん？生きる力とはたいしたものです。悠久から普通に続いているものにも拘らず、現代では、そう感じることが希薄になってると感じていた近頃、結局何も分かってなかったんだなと、痛感した次第です。ひょっとすると、身の回りには、たくさんあるかもしれません。生きるって喜びを感じること。生きるって畏れを知ることじゃないですか？ いつもの自分らしくナイ話で恐縮ですが、気付いてみると、案外無駄なものが多すぎません？ 戯言でした。喜び、慶びをもって、この造りは、取り組みたいと思います」

この十四年後の二〇一六（平成二十八）年の大みそかに彦気の妹になる結《ゆい》が誕生しているが、裕子の酒蔵での仕事は、銀行での業務経験を生かして事務全般を見るほか、日本酒の甘辛の度数やアルコール度数をチェックする分析と、麹つくりなどを受け持っている。

「酒蔵の仕事は銀行員時代には想像もつかない世界で、初めは休みもなく大変だったが、次第に慣れていった。長井は果物がおいしいところで、水が浪江とは違うから指のひび割れもしなくなった。子どもが遊べる場所がこっちはあっていいが、海を見せてあげることができないのは残念です」

長井で暮らしての感想を裕子はこう語るが、「冬の雪はすごいが、水も野菜もおいしくて住みやすいところだと思う」と語るのは荘司の妻康子だ。

一九七八（昭和五十三）年十月、神奈川県相模原市の生まれ。埼玉県新座市などで育ち、東京農大の栄養学科に入り、野球サークルで荘司と知り合った。

「学生時代から今も変わらない、優しい性格。素朴な感じはいかにも東北から来ましたという雰囲気に魅かれました」

二人は二〇〇五（平成十七）年六月に所帯を持ち、翌年五月に長女のみどり、二〇一四（平成二十六）年に長男の駿太郎が生まれている。

康子の蔵での仕事は、裕子と同様に酒の分析の他、出荷の手伝いなどをしている。特に、東日本大震災が起きた時は酒粕を大きな袋から小袋に詰め替える作業の最中だったという。

「以前は酒粕が苦手だったのに、『磐城壽』のそれは香りがとてもよいので気に入ってます。きんぴらごぼうや切り干し大根の煮物に入れると風味とコクが増してくる。パンに入れて焼いてもおいしいので、わが家では魔法の調味料として欠かせない存在になっています」

荘司一家の食卓には今宵も魔法の料理が並び、四人でにぎやかに食事する光景が目に浮かんでくるようだ。

第三章　異郷の地で酒を造る

酒造りを終える甑倒しの場面。松尾様に感謝の気持ちを伝え、とろり唄を皆で歌う。
2016年 7 月

長井は「山の港町」

鈴木酒造店で杜氏を務める鈴木大介は、「磐城壽」という酒の存在を広く知ってもらうため、山形県長井市から県外へ出て全国の酒販店で開かれるイベントに飛び回ることが多い。

特に、東日本大震災に被災した後の数年間は、

「東北の津波で流された酒蔵の存在を忘れないでほしい」

と酒造りの合間を縫っては、山形鉄道のフラワー長井線でJRの赤湯駅へ出て、山形新幹線に乗って東京、名古屋、大阪へと足を延ばした。

そしてハードスケジュールをこなして、クタクタになって長井へ戻ってきたとき、車窓の左手に広がる緑の葉山を見て、

「わが家にやっと帰って来た」

といつのまにか気持ちが安らぐようになった、という。

季節は巡り、十一月になると毎日のように見る七色の色彩は、故郷・福島の浪江にはなかった虹の光景と気づいたそうだ。

弟の荘司にしても同様で、県外から地元へ夜戻ってきた時にフラワー長井線の沿線で果

鈴木酒造店長井蔵。フラワー長井線の南長井駅から徒歩５分

樹を栽培するビニールハウスの中で電球が輝く美しさに目を奪われることがあるという。

長井市は山形県の南部にあって、米沢市に近い人口二万八千人の市。江戸から明治にかけて最上川舟運《しゆううん》の起点として栄えた歴史のある町で、「山の港町」と呼ばれたことも。

大正から昭和の前半にかけて繊維産業のグンゼや東芝系の電子産業を誘致し、企業城下町として繁盛したが、平成に入るとそうした企業も体力を失い、撤退していった。

現在は農業のほか商業や繊維、医薬品などの製造が主な産業の落ち着いた町になっていて、「水と緑と花のまち」を看板にしている。

葉山は長井市民から「西山」の愛称で呼ばれている朝日連峰の支脈といってよく、標高一二三七メートル（長井市ホームページ）。地元では信仰登山の対象にもなっていて、絶滅危惧種のクマタカやイヌワシなどの飛来も確認されている。

かつて森林開発公団がブナの原生林を切り裂いて、「山岳ハイウエー」と呼ばれる大規模林道を造成しようとしたことがあった。市民団体の反対運動にあって工事は中止に追い込まれたが、その傷跡は今も葉山山頂の一部に生々しく残るという。

冬になると、北西の季節風が日本海から大量の湿気を運ぶため、大朝日岳（一八七〇メートル）を主峰とする朝日連峰にはドカ雪を降らせる。

冬山を愛する鈴木大介は元旦に葉山の山頂を目指したこともあるが、雪が深くて八合目までラッセルして引き返した、という。

朝日連峰には世界遺産にも登録されている白神山地の五倍の規模を誇るブナの原生林が広がる。

その山すそに位置する長井市では約二十ヘクタールのブナ林を永遠に残すため、全国に先駆けて森林の保全条例を作り「不伐の森」と定めているほどだ。

ゼンマイやワラビなどの山菜、マイタケやナメコなどキノコの宝庫といってよく、沢筋の渓流ではイワナやヤマメが影を走らせる。

そうした山並みの中でも、ピラミダルな山容から「東北のマッターホルン」と呼ばれる祝瓶山《いわいがめやま》と平岩山の周辺を水源とする置賜野川《おきたまのがわ》が氾濫を繰り返し、長井の広大な扇状地を形作ってきた。

祝瓶山は標高一四一七メートルとあまり高くないが、山岳界では日本三百名山の一つとして知られ、多くの登山者が急勾配の山道をあえぎながら登っていく。

「長井」の地名の由来は、水の集まるところで、この野川と飯豊山系を源とする白川、それに市の南北を貫流する最上川がまちを囲むようにして流れている。

そんな伏流水に恵まれた長井では古来農業と養蚕が盛んで、一九九二（平成四）年以来、市民の生活から出た生ごみを堆肥に使って米や野菜を育てる地域循環システム「レインボープラン」が実践されてきた。

「酒を仕込む水と米を育てる水が同じ川の水というのは旨い酒ができる条件の一つだと思う」

と、福島・浪江での自身の体験を長井での酒造りに重ね合わせて鈴木大介は話す。

田植えに全国から集まる磐城壽ファン

鈴木酒造店では、全山が緑に染まりながら葉山の奥にまだ白い雪が残る毎年五月末の土曜か日曜に、最上川の河川敷に開けた「福幸ファーム」の水田で田植えを始める。

二〇一五（平成二十七）年五月二十四日の田植えには、磐城壽ファンの居酒屋や酒販店関係者などが全国から約三十人集まった。

ゲコゲコ……カエルの鳴き声が辺り一帯に響きわたる。

水を張った田んぼの表面は鏡のように輝いて見え、その上をミズスマシがスーッ、スーッと滑ってゆく。

山や田畑の畔にはアカツメグサのピンクやタンポポの黄、桐の花の紫色も目に入る。

初夏を思わせる強い日差しが照る中、上半身裸の男性やタオルで顔の汗をふく女性の間で、特に目を引いたのが「土耕《どこ》ん醸《じょう》」と黄色い文字の入った黒いTシャツを着た一行だ。

東京の下町で居酒屋「ひょん」を営む横田郁夫と鈴木貴子の夫婦がこの日朝、店の常連客十数人をチャーターしたバスに乗せ六時間もかけて田植えの手伝いにやってきたのである。

横田夫婦は鈴木大介の福島県立双葉高校時代の同級生で、東日本大震災の同じ被災者。

最上川河川敷で楽しい田植え。2015年5月

磐城壽がイベントをやるときには必ず駆けつけてムードを盛り立てる。

その時、大介のオリジナルブランド酒である「土耕ん醸」のTシャツを身に着けることが多い。

午後一時過ぎから始まった田植えの作業では参加者は苗を何本か束ねたものを持って、中腰になり黙々と、あるいは「長井っていいところだね」とおしゃべりをしながら、水中に植え付けていく。

「水の中に足を入れると、まだ冷たいけれど田んぼの中の泥は意外と温かいな」

「田植えなんてしたことがないから、腰にきて正直きつい仕事だ。でも自分たちで作ったコメが旨い酒になるのなら、頑張らなければ、という気持ちにもなります」

五アール分の田植えは二時間ほどで終わるが、途中でお茶を飲む休憩時間があり、この時に鈴木酒造店社長・鈴木市夫の妻スミヱと大介の妻裕子が握ったお結びと三五八《さごはち》漬けが出される。

地元産米の「つや姫」で握ったご飯は、ふっくらとして冷めてもコメの香りがよく立つ。塩三、米五、麴八の割合で仕込んだ自家製調味料に漬けたキュウリやダイコン、ニンジンとの相性もいい。

スミヱは三五八漬けを作る理由を次のように話す。

「米沢で避難生活をしていた時、孫の彦気が三五八漬けを食べて『浪江の味がする』と言って喜んだので、故郷を離れても伝えられる味は伝えようと決心したのです」

この差し入れを食べていると、夜になって中央会館で始まる直会《なおらい》の場への期待感も高まるというものだ。「磐城壽」の二十種類近い全銘柄の酒を飲みながら山形の郷土料理を味わえるからだ。

休憩後の田んぼでひたすら丁寧な作業をしているのは、大阪・堂島で「雪花菜《きらず》」という名前の酒房を営む間瀬達郎だ。

「甘味と酸味のバランスがいいから『磐城壽』が好きですよ。燗酒にすると、おかゆの匂いがしてくる。うちの店に来る外国からのお客さんは『これはライスジュースか』と聞いてくるので、『イエス』と答えています」

間瀬は一九七三（昭和四十八）年、静岡県の浜松市生まれ。震災前からの熱心な磐城壽ファンで、京都の料亭や銀座のすし店で腕を磨き、二〇〇五（平成十七）年に大阪でお任せ料理の店を開いた。

月刊『サライ』の二〇一八（平成三十）年一月号、「日本酒いま呑むべき㉚本」特集号の表紙を飾るほどの実力派で忙しい毎日を送っているが、

「大介さんやコメを育てる仲間に会いたいから」

と言って田植えと稲刈りには必ずやってきて、懇親会に出た後は深夜バスなどで大阪へ飛んで帰っていく。翌週の料理の仕込みに備えるためだ。

鈴木酒造店には間瀬達郎のような熱烈なファンが全国各地にいて、「磐城壽」を応援する会をやってくれるから、福島から山形へ移ったさほど大きくもない酒蔵の動向が業界で広く語り伝えられるのである。

怒りの影法師

ところで、福幸ファームでこの時に植えた稲の種類は「さわのはな」という品種である。食味のとても優れたコメで、昭和四十年代まで山形県内で盛んに栽培されたが、扱いの

難しさや収量の少なさなどからササニシキやコシヒカリに押され、市場から姿を消していった伝説のコメだ。

いもち病に強く、少ない肥料でも育つことが有機農業や低農薬農業がもてはやされる時代に脚光を浴びてきた。

食用米の割に粘度が低いことも酒造りに向くというわけで、地元の専業農家の遠藤孝太郎や横澤芳一らが一九九五（平成七）年に四十アールの規模からさわのはなの作付けを始めた。年々栽培面積が拡大し、東洋酒造では二〇〇二（平成十四）年から「甦《よみがえ》る」という酒を造るのに使われていた。

東洋酒造は東日本大震災後に後継者がいないため、鈴木酒造に買いとられたが、酒蔵自体の歴史は古く、明治初期に個人商店古久屋酒造として創業し、一九三一（昭和六）年に東洋酒造と名乗るようになった。

主要銘柄の「一生幸福」と、物故者への献杯酒「忍ぶ川」が地元で広く愛飲されたが、「年配者が好む田舎っぽい酒」、「雑味の多い酒」などの辛口評価もあった。

半世紀ぶりに長井へ帰った東洋酒造十代目社長の佐藤俊子が「長井は昔に比べ、つまらない街になってしまった。長井らしい酒を造ることで皆を元気にしたい」と言って、遠藤に声を掛け、さわのはなの栽培を委託した。

その時のやり方は家庭の生ごみから堆肥を作る長井市のレインボープランを利用した方法で、完成した酒は「資源としての生ごみ、幻のコメさわのはな、そして長井市の三つが復活してほしい」との願いを込めて「甦る」と名付けたのだという。

佐藤はバイタリティあふれる女性で、地元の観光協会副会長を務め、「食の五つ星」弁当を開発するなど、長井の観光機運盛り上げに大きな役割を果たしてきた。

さわのはなを栽培する遠藤と横澤は一九七五（昭和五十）年に「影法師」と呼ばれるフォークグループを結成し、農業の合間を見て全国でコンサートの旅をすることで、アマチュアながらその名前は関係者の間ではよく知られていた。

中でも影法師が注目されたのは一九九一（平成三）年に発表した「白河以北一山百文」で、これは戊辰戦争の際に官軍が東北を蔑視してよんだ言葉で、東北自動車道の全線開通で「首都圏のごみが押し寄せることへの怒り」を長井弁で歌った。

影法師の歌には社会問題をテーマにした作品が多く、福島原発事故後の二〇一三（平成二十五）年七月には「花は咲けども」をつくった。

ＮＨＫの復興支援ソング「花は咲く」について「善意の歌ではあるけれど、花に浮かれてはいられない現実がある」として、影法師のメンバーの青木文雄が「花は咲けども花は咲けども春をよろこぶ人はなし」と作詞した。

毎年三月には東洋酒造で利き酒コンサートをしてきたので、鈴木酒造店が酒造りを引き継いだ後も二〇一三年から再開している。

独特の有機農法「レインボープラン」

ここで、「地産地消」の酒を造るために長井市で行われている独自の有機農法について少し説明しよう。

循環型まちづくりのシンボルの中身を知りたい、として同市には国内外からの視察者がこの二十年間で三万数千人も訪れたという。

最上川の河畔にある福幸ファームで鈴木酒造店の田植えをするとき、いつも現場での指導を受け持つのがNPO法人レインボープラン市民農場理事長の竹田義一だ。

地元で「置賜百姓交流会」をつくる鶏卵農家の菅野芳秀とともに、レインボープランを普及させた中心人物だ。

竹田は一九四八（昭和二十三）年生まれで、始めは葉タバコを栽培していたが、イチゴを三十年育ててからトマト栽培に転換して二十年という。糖度が高いながら酸味のあるトマトを育てていることで定評がある。

そんな篤農家の竹田はレインボープランについて二〇〇二（平成十四）年に開かれた

「地域循環型農業」研究会で次のように報告している。

消費者の農業に求めるニーズが量から質へと変わってきている。それに敏感に応えるためには農家も変わらなければならない。機械化が進んで農村から牛馬がいなくなり、堆肥が足りなくなり、農薬や化学肥料を大量に使うようになって土が衰えていくのが目に見えて分かるようになった。

長井市には二千九百ヘクタールという広大な農地がありながらここで生産された野菜、果物、コメが地元の消費者に渡っている割合はとても少ない。

その結果、大量生産、大量出荷そして大消費地へという流通ルートが常態化され、長井で消費される食材の大半は周辺や遠隔地から入ってくる「地域自給率が低い」市になってしまった。

こうした事態を克服するために、昭和から平成へ変わった一九八九年から長井市では官民挙げての勉強会を始め、土と食をベースにした農村の在り方について議論を続けた。そこで着目したのが給食施設や家庭、事業所から出る生ごみやし尿、汚泥などの有機資源を利用して堆肥を作る事業だった。

「台所と農業に、まちとむらに、現在と未来に信頼の虹（レインボー）を掛けよう」という意味でレインボープランと名付けたのだという。

二〇一八（平成三十）年段階で長井市内にある約九千世帯のうち約五千二百世帯から出る生ごみが堆肥を作る処理場へ運ばれ、畜ふんやもみ殻を混ぜて発酵させ、八十日ほどかけて堆肥にしてプランの認証農家に販売される。

この特製堆肥を使って農家はコメやトマト、ナス、ホウレンソウなどの野菜、イチゴなどを栽培してきたが、「アクが少なく優しい味がする」、「野菜は調味料を使わなくてもゆでただけでおいしくいただける」などと定評がある。

しかし、レインボープラン導入から四半世紀がたち、市民の生活様式も変わってきた。コンビニでも総菜を売る時代になり、家庭で料理をしなくなった分、生ごみが出る量が減少。生産者が高齢化し、就農者の数が少なくなり堆肥の生産量も減って、施設の老朽化などの問題も新たに出てきている。

「それでも、『新鮮でおいしく、価格も安定している』として、レインボー認定野菜の需要が安定しているのはうれしい話です」と竹田は語っている。

「復興を前進させる酒を」

長井市には東日本大震災による原発事故が起きた二〇一一（平成二十三）年三月に、福島県内から約六百人の被災者が避難してきた、という。

いわき市で学習塾を経営していた村田孝もその一人で、長井市で「中央会館」を営む兄剛のところへ妻の佳子《よしこ》と三歳の長女、一歳の長男ら一家七人で身を寄せた。

中央会館は長井市で創業五十五年を越える最も大きな宴会施設で、村田弟一家は二階の宴会場所を借りて仮生活を始めたのである。

福島第一原発から四十キロの距離に住み、佳子もJRいわき駅近くでイタリア料理店を営んでいた。チェルノブイリの原発事故をきっかけに原子力災害について勉強してきた村田は家族の生命と安全が何よりも大事と考え、故郷を離れることにした。

間もなく長井市が避難者用に確保した雇用促進住宅に移り、この年の十二月に竹田義一の唱える循環型農業の考えに共鳴して、NPO法人レインボープラン市民農場で働くようになる。

南相馬市から避難した遠藤浩司とブロッコリーやカブ、サトイモなど二十品目の野菜を栽培してきた。

それより前に中央会館で「福島県人大望年会」という宴が開かれたことがある。

福島からの避難者約三十人が集まり、自身の辛かった体験を語り合い、来年こそいい年になりますように、と盃を交わし合った。本来なら「忘年会」と呼ぶ集まりを敢えて「望年会」と呼んだのもそうした理由からだった。

この場で村田孝は鈴木酒造店社長の鈴木市夫と初めて知り合い、震災に遭ったその数か月後に長井で酒造りを始めた一家の情熱と行動力に心を動かされる。

自分たちを応援してほしい、と声を掛けられた村田はできることは何かと考え、福幸ファームでの酒米作りを思いつく。

「福島からの避難者で新鮮な野菜を作って故郷に送ると同時に地元で酒造りに使うコメも育ててみたい。それには東洋酒造の酒『甦る』に使う『さわのはな』が最もふさわしいと考えたのです。

自分たちの運命と行く末がダブって感じられたからで、人と人の絆を強め、復興を前進させる酒を造ってほしい、と鈴木酒造さんにお願いしました」

「甦る」は二〇一二（平成二十四）年に一升瓶で七百本分を造り、翌年は千五百本、さらに次の年は二千四百本分を醸造していくが、鈴木大介と荘司の兄弟が東洋酒造から引き継いだ酒についての試飲会での感想は、

「すっきりして飲みやすい」

「香りが高くて、さわやか」

「フルーティーで呑みすぎちゃう」

などの声があったという。

村田孝はその後も長井市にとどまり、レインボーの虹色から名前を取った「七色学舎」という学習塾を開く。その理念について「今までは良い成績を取ってよい学校へ入り、都会で働くのがいいという考え方だったが、それは間違いで、優秀な子が地方にも戻ってくるような、教育面でも循環の実現を目指していきたい」と説明している。

鈴木大介の長男、彦気《げんき》も県立長井高校へ通う傍ら、この塾にも顔を出している。

東洋酒造の看板酒を仕込む

二〇一九（平成三十一）年一月十八日の朝八時——。

この冬初めての本格的な雪に見舞われた山形県長井市。山形鉄道フラワー長井線の南長井駅から徒歩五分の距離にある鈴木酒造店の気温は氷点下二度。東北の冬の割に寒さはそれほど厳しくないが、蔵の中はいつにない緊張感に包まれていた。

東洋酒造時代の看板酒「一生幸福」の大吟醸酒を仕込む作業が最終段階に入っていて、蔵人が全神経を集中させているからだ。

大吟醸酒は、酒米の山田錦などを半分以上に磨いて低い温度で時間をかけて発酵させるので、きれいな味わいの酒に仕上がる。

二年前に全国新酒鑑評会で金賞を受賞し、四月で平成が終わる最後の時期の醸造でもあるだけに、鈴木大介、荘司兄弟にしてもこの造りの手を抜くわけにはいかなかった。

この日は若手の蔵人二人がインフルエンザで倒れたため、鈴木荘司自らが釜場のやぐらに立ち、蒸した酒米を釜からスコップでザッザッと掘り起こす作業から始まった。

荘司の足元から白い蒸気がもくもくと上がるが、海抜ゼロメートル地帯の浪江と標高二百メートルの長井とで大きく違うのは米を蒸し上げる際の沸点だ。

このため、東洋酒造時代の炉と煙突内の煙道を火力がさらに上がるようにと、大介の妻裕子の父親で左官をしている鶴島一夫に改良してもらったのである。

そのほかにも和釜の改造など蔵全般を使いやすくするため、二本松市に住む鶴島に長井へ長期滞在してもらって全面協力を受けてきた。

荘司は蒸し上げた酒米を蔵人の持つ黄色い飯桶に移して、白い作業服を着て長靴をはいた兄の大介や父の市夫らが持つスギで作った「枯らし台」という木箱に振り分けていく。

この蒸米にしゃもじで切れ目をいれてから、手でもみほぐす放冷作業を酒蔵で働く事務員も含め六人が全員で続ける。

そして、この蒸米を仕込み蔵と書かれた冷蔵場所へ運んでゆき、酵母、醪《もろみ》、仕込み水が入った発酵タンクの中へ入れていく。

酒母《しゅぼ》という酒の素を作る工程だが、この時に使うのが震災時に会津若松のハイテクプラザに預けて無事だった浪江時代の蔵独自の酵母である。

各地の多くの酒蔵では日本醸造協会が販売する協会酵母を使うのが一般的で、吟醸酒を作る場合には熊本の香露から分離した九号酵母などを使うが、鈴木酒造の場合、浪江の蔵付き酵母を使うことによって、蔵独自の味を再現させようとしているという。


酒蔵の外は横殴りの吹雪で、天井の高い木造建物はシンシンと冷え込む。コンクリートの床には衛生状態をよく保つため、水が絶えずチョロチョロと流れ続ける。

仕込み蔵の入り口には神棚としめ縄を備えた酒の神・松尾様が祭られていて、近くの柱には「火の用心清酒東洋」と赤と青のペンキで書かれた年代ものの金属プレートが掲げられている。

午前八時半を回るころになると、鈴木大介の妻裕子が娘の二歳になった結《ゆい》を抱っこして、続いて荘司の妻康子がもうすぐ五歳になる長男の駿太郎を連れて、雪を払いながら蔵へ出勤してくる。

子どもたちの「オハヨー」という元気な声が聞こえると、蔵の中の緊張も自然とゆるむ。

鈴木大介の娘結と遊ぶ祖母のスミヱ。2019年1月

母親二人が事務や蔵の仕事に就くと、子どもたちは蔵の片隅でアンパンマンごっこをしたりして、にぎやかに走り回る。

小さいころから麹の香りを吸い込んで育った子どもたちは、将来酒が好きになるのだろうか。日本酒の遺伝子が刷り込まれた鈴木大介、荘司の兄弟がまさにその典型だったように思うのだが、この子たちの将来も楽しみというものだ。

鈴木酒造店の酒蔵は縦に細長い構造になっているため、釜場のある入り口から一番奥に一升瓶の洗い場があって、六代目当主にしてなお現役の市夫は一本ずつ瓶の底を点検しながら注水器を使って中を丁寧に洗浄する。

市夫の妻スミヱは脇でピョンピョンと飛び跳ねる孫の結をあやしながら、一升瓶にラベルを張ったり、新聞紙にこれを包んで発送したりする作業に余念がない。

仕込みの作業が一段落した大介は事務所で取引先の関係者と打ち合わせをする。荘司は空の一升瓶を蔵の奥に運ぶ力仕事を受け持つ。

幸せ運ぶ歓びの酒

やがて午前十時になると、真っ赤な服を着てリンゴのようなほっぺたをした結が「お茶ヨー」と蔵の中を走り回ってティータイムを告げに行く。

「時計の針が上になったら、おやつの時間よ」と母親の裕子から教わっていて、この時と午後三時の休憩タイムを蔵人に伝えることが結の大事な仕事になっているのだ。

以前は荘司の息子駿太郎の役目だったが、保育園に通うようになったこの時間は結に引き継いでいる。

皆事務所へ集まり、菓子をつまみながら憩いのひと時をすごす。

この日の休憩時に荘司は、

「蔵の一番大事な時期に若い連中がインフルエンザにやられて大変だったが、仕込みはまあうまくいった」と言って、ゆとりのある表情を見せた。

「今回大吟醸の仕込みに使った兵庫の山田錦は、昨年の西日本豪雨の影響もあるのか品質が今一つだった。コメの溶け方が早いので浸漬などの作業には神経を使った。だけど、少人数ながらやれることはすべてやり尽くしたと思う」
この日の作業は、三段仕込みの留添《とめぞえ》と呼ばれる最終工程で、二千リットルタンクに三本、つまり一升瓶で三千三百本余り分の仕込みを無事終えたのだった。

鈴木酒造店が東洋酒造から引き継いだ「一生幸福」とは、「幸せ運ぶ歓びの酒」という意味で、何ともめでたいネーミングだ。

赤地のラベルに金色の文字で一生幸福と書いた緑色の一升瓶は、東京・浅草の全国の地酒を並べた「まるごとにっぽん蔵」では一番目立つところに飾られている。

瓶の中には金粉も入っていることから、並べた当初は漢字が読める中国からの観光客が買っていった。中国にも少量ながら輸出しているが、今では日本人の客にも評判がいいそうだ。

同店の酒売り場責任者の藤生安津子は「『一生幸福』はすっきりした食中酒タイプのお酒で、中国系の人には菰樽やワンカップが売れる。一升瓶を買っていく日本人が多いのは、お祝いやプレゼントに人気で、皆さん幸せになりたいからなんでしょうか」と話す。

鈴木酒造店では、福島の「磐城壽」と山形の「一生幸福」、「甦る」の酒の比率は八対二の割合で造っていて、全国展開するのは当然、「磐城壽」の方である。

地元長井では「一生幸福」については大吟醸のほか純米吟醸、純米酒、本醸造と九種類の酒を造り分けているほか、黒獅子祭りの絵を描いた本醸造のワンカップ酒が広く出回っている。

このうち、「一生幸福」と「磐城壽」の本醸造酒はほぼ同じ中身で、ラベルだけが違っているのだという。

吟醸王国・山形

ところで、山形の日本酒にまつわる事情はどうなっているのだろうか。

山形県は周囲を飯豊《いいで》、吾妻《あづま》、朝日、蔵王《ざおう》、月山《がっさん》、鳥海《ちょうかい》などの山々で囲まれ、そこから流れ出す川の水質にそれぞれの特徴があり、バラエティに富んだ個性的な酒を生み出している。

県内は大きく四つの地域に分けられるが、最上地方には大蔵村で「花羽陽《はなうよう》」を醸す小屋酒造、村山地方には天童市の出羽桜酒造、村山市に「十四代」の高木酒造など十六軒の蔵がある。

鈴木酒造店がある置賜《おきたま》地方には、川西町の樽平酒造のほか全部で十八軒の酒蔵があり、庄内地方には「上喜元《じょうきげん》」を醸す酒田酒造や「東北泉」を出す遊佐《ゆざ》町の高橋酒造店など十八軒の蔵がある。

二〇一九（平成三十一）年の国税庁調査では山形県内全体で五十四軒の酒蔵があり、東北では福島の六十八軒に次いで二番目に多い数。この後、秋田四十一軒、宮城三十四軒、岩手二十四軒、青森二十軒と続く。

山形県の酒には高級酒、つまり吟醸酒の出荷割合が高いのが特徴で、東北全体の酒の四割を占め、「吟醸王国」の名前があるほどだ。

そのために長年貢献してきたのが県酒造組合特別顧問の小関敏彦である。鈴木酒造が浪江から長井へ移ってきたとき、東洋酒造の買い取りから酒造米の手配に至るまで面倒を見てきた県酒造界の重鎮だ。

小関は一九五六（昭和三十一）年三月、川西町生まれ。新潟大農学部を卒業後、八〇年に山形県工業技術センターに入り、「山形の酒は日本一」を目指して酒質の向上に尽力してきた。

日本全国で地酒、吟醸酒ブームが起きたころ、山形の酒には大きな特徴もなく、八六年の全国新酒鑑評会では金賞受賞ゼロという低迷ぶりだった。東北には南部（岩手）、山内《さんない》（秋田）、津軽（青森）と各地に杜氏がいたが、山形にはいなかった。

「酒造技術のレベルを上げるためには、人材の養成が急務」と考えた小関は、一九八七

（昭和六十二）年に山形県研醸《けんじょう》会という自主運営の勉強会を立ち上げた。

他県には例を見ない試みで、各蔵が酒造りのデータを持ち寄って分析して、酵母の開発や酒造米の研究に当たった。

小関は、芳醇旨口の酒「十四代」を造る高木酒造十五代目、高木顕統に酒造りの指導をしたことでも知られ、研醸会のメンバーも小関に指摘された課題を素直に受け入れて酒質改善に努力した、という。

一九九五年に吟醸酒用「出羽燦々」、二〇〇五年、純米酒用「出羽の里」、二〇〇九年には普通酒用の「出羽きらり」、そして二〇一五年には大吟醸酒用「雪女神」など独自の酒米を開発した。

二〇一六（平成二十八）年十二月には、酒造地・山形県が国税庁から「地理的表示（GI）保護制度」に登録され、ワインのボルドーのように「山形」の地理的表示が認められた。国内初の指定で、山形産酒の海外への輸出に弾みがつくことになった。

二〇一八年五月には、インターナショナル・ワイン・チャレンジ（IWC）日本酒部門の審査会が山形市で開催され、小関の指導した「香りも甘さも流行を追わず、旨味と切れの良さで勝負する」という山形酒の基本路線は世界でも通用する水準に達した。

鈴木酒造店は福島の酒でありながら、そうした山形の酒造業界の末席にも加わったわけで、小関は鈴木大介、荘司の兄弟が造る酒について「浪江時代はどちらかといえば重い武骨な酒だったが、長井へ移りなめらかでスムースな酒になった印象を受ける」と話す。

これに対し、鈴木兄弟は「『磐城壽』は元々漁師を相手にした酒。うちはうちのやり方で酒を造るしかないのです。香りは控えめだが、コメの味をしっかり出した酒をこれからも造っていきたい」と抱負を語っている。

置賜地方は最上川の最上流部に当たり、四方を奥羽山脈や吾妻山地、飯豊山地などに囲まれた内陸の盆地で、宮城県と福島県に接している。

山形県で「母なる川」と呼ばれる最上川は、富士川、球磨川と並ぶ日本三大急流の一つ。西吾妻を水源として、日本海側の酒田まで県内を大きく回り込むようにして二百二十九キロを流れるが、古来多くの文化人が訪れ、俳句や和歌などを残してきた。

「五月雨を　あつめて早し　最上川」（松尾芭蕉）

「最上川　逆《さか》白波のたつまでに　ふぶくゆふべと　なりにけるかも」（斎藤茂吉）

などは多くの人々の記憶に残っているのではないだろうか。

そんな川の流域にある長井市は冬になると日本海からの季節風による豪雪で埋もれるが、春から秋にかけては季節の花が咲き乱れ、サクランボや洋ナシ、ブドウなどの果実に恵まれる。

葉山の中腹から見下ろす田園地帯は、スギ林に取り囲まれた農家が点在する「散居集落」の風景が美しいことでも有名だ。

一八七八（明治十一）年にこの地を訪れた英国の女流旅行家イザベラ・バード（一八三一―一九〇四年）は、『日本奥地紀行』の中で、置賜地方を「東洋のアルカディア（理想郷）」と呼んで、称賛したほどである。

盆地特有の夏は暑く、冬は寒さが厳しい。その分、地元産のいいコメが取れる。山から流れ出るミネラル豊富な伏流水は、麴や酵母の働きを助け、酒に新しい命を吹き込む。

ライバルで協力する「おきたま五蔵会」

こうしたすぐれた環境の下で、日本酒を起点に地域の活性化を図ろうと、置賜地方の五つの小さな酒蔵が集まって、「おきたま五蔵《ごくら》会」を結成した。二〇一三（平成二十五）年夏のことである。

長井市で割烹、宴会場の「中央会館」を営む村田剛の呼びかけに、福島の浪江から長井へ移って二年目の鈴木酒造店も積極的に参加した。

メンバーになったのは鈴木大介が杜氏を務める鈴木酒造店のほか、長井市で「惣邑《そうむら》」を造る長沼合名会社、白鷹町の加茂川酒造、飯豊町の若乃井酒造、川西町の中沖酒造店という一市三町の酒蔵。いずれも蔵のオーナーである蔵元自らが酒造りの責任者になる蔵元杜氏が参加しているのが大きな特徴だ。

その目的は「酒蔵が元気になれば、酒販店や飲食店はもちろん、酒米を栽培する農家も活気づく。銘醸地としてブランド力を高めれば、県内外の観光客にも泊りがけで来てもらえるのでは」というものだった。

そこで、おきたま五蔵会は、酒蔵見学ツアーや蔵元と酒を楽しむ会、観光客向けの土産開発などに取り組み、二〇一六(平成二十八)年には原料米や仕込み方法、製造方法を統一して「伍連者《ごれんじゃ》」という純米吟醸酒を造りあげた。

酒米については東洋酒造時代から「甦る」を造るために「さわのはな」を栽培していた影法師のメンバーの一人、遠藤孝太郎にたのみ、酒造好適米「出羽の里」を育ててもらった。

同じラベルで色違いのキャップをはめた五本の酒を一セットで販売するが、コメだけでなく、精米歩合や酵母、仕込みの時期も同じにするなど製造方法を毎年変えて、一年に一度酒を仕込む。

「同じコメでも造り手によって、こんなに味が違うとは」

「飲み比べると、甘さや酸味、舌触りが違う。日本酒というものの奥深さを感じた」

新酒披露宴の場ではこんな感想が寄せられた、という。

おきたま五蔵会の発案者である中央会館の村田剛は「同じ山形の酒蔵で『十四代』を造る、有名な高木酒造にヒントを得た」と言って、次のように続ける。

「置賜地方には古い歴史的な街並みがあるからといっても、観光客がトイレ休憩に立ち寄る通過型の町であって、滞在型の町ではなかった。高木酒造は山の中にあっても全国から日本酒ファンが訪ねてくる。それなら、知名度は低くても、旨い酒を造る魅力的な蔵が五つも集まれば負けないだろうと考えた。

本来はライバル同士の蔵が協力して一つのことをやるのは画期的ではないか。酒米の田植えに来てもらうなど、いろいろなイベントを計画してムードを盛り上げていきたい」

山形鉄道は平成最後の年となる二〇一九年の一月と三月、フラワー長井線におきたま五蔵会の酒蔵に参加してもらって「地酒列車」を運行させた。

山形新幹線に接続する赤湯駅と白鷹町の荒砥駅間約三十キロを往復する二時間二十分の旅で、参加者は沿線五蔵の地酒を飲み、地元の食材を詰め込んだ弁当をつつきながら、車窓の雪景色を心ゆくまで楽しんだという。

この旅に参加した酒食ジャーナリストの山本洋子は「大介さんが電車の中で地元を代表する蔵のひとりとして、お酒を説明しながら注いで回っていた姿が印象的でした」と語り、次のように続ける。

「海辺の町から移った初めての雪国で、当初は緊張感と焦燥感、酒造りができる喜びで複雑な心情だったと思う。その大介さんに地元でも応援団ができて、彼本来の明るさを取り戻しているのを見てうれしくなりました」

山本洋子は鈴木大介が福島の浪江で酒を造っている時代から海の男酒として応援してきていたのである。

「震災で大変な苦労をした大介君からいろいろと刺激を受けて、我々の酒造りも時代に合うように変わっていかなければ」と語るのは五蔵会のメンバーのうち最年長者で、一九六一（昭和三十六）年生まれの加茂川酒造社長・鈴木一成である。

江戸の寛保元（一七四一）年創業で、加茂川の名からも分かるように京都の流れを汲み、貴醸酒を製造した経験を持つ数少ない蔵。そのオーナー杜氏を務める鈴木は次のように話す。

「置賜の観光PRや地域創生について行政が酒蔵に手伝ってもらいたいと考えても、五つある蔵からどこを選ぶかとなると難しい判断を迫られる。

ところが、そこに地元蔵の集合体があると声も掛けやすくなるわけで、山形県や長井市からは観光客誘致のイベントへ誘いもあって、五蔵会も存在のあるものになってきた」

日本の鉄道の原風景

鈴木荘司の五歳になる長男駿太郎は、自宅近くの線路をゴトン、ゴトンと走る山形鉄道のフラワー長井線が大好きである。

特に車体のカラーがいろいろあるところが気に入っていて、家でもオモチャの電車で遊びながら「次は南長井」、「終点の赤湯」などと言って、ご機嫌という。

実際の山形新幹線赤湯駅へ行ってみよう。

新庄方面に向かって左端のホームに停車してエンジンがかかっている一両編成のディーゼルカーがフラワー長井線だ。

その名前の通り、オレンジ（紅花）やピンク（桜）、イエロー（ダリア）、ブルー（アヤメ）の花びらマークでラッピングされた色彩豊かな車両は、子どもばかりでなく観光客の心も和ませる。

「また、ごんざえ（また来てください）」

長井駅へ入ってくるフラワー長井線。2018年３月

「おょうしな（ありがとう）」――。

北の始発駅・荒砥《あらと》からの電車が赤湯に到着すると、乗客の間でこんな置賜弁を耳にすることがあるが、長井市民にとってフラワー長井線とはどういう存在なのだろうか。

第三セクター・長井線の前身は、第一次世界大戦が勃発した大正三（一九一四）年十一月に、赤湯―長井間で開通した軽便鉄道である。

山形では最上川舟運の時代も終わり、奥羽本線が全通した明治四十年ごろになると、長井では「繁栄を続けるために、西置賜でも文明の輸送機関である鉄道がほしい」という切実な声が出てきた。

城下町・米沢に匹敵する商業都市として栄えた長井では、奥羽本線の機能を生かすためには支線が必要と考えたわけだが、「西置賜に鉄道が走れば今度は米沢の影が薄くなる」として、米沢側から猛烈な反対運動が起きた、と伝えられる。

さらに汽車が走れば飛び散る火の粉で火事になるなどの風評も立ち、最終的に長井線のレールは敷かれたものの、米沢につながる米坂線の分岐点は西置賜の中心地である長井駅からは離れた今泉駅に決まった。

そのような悲運な時代を経ながらも、長井線は沿線住民の生活路線として、観光客を運ぶSL路線として、存在感を見せてきた。

終点の荒砥駅手前にかかる最上川橋梁は、日本で最古の長大鉄橋だ。一八八七（明治二十）年に英国のメーカーによって製造され、東海道本線の木曽川橋梁として使用されたものを長井線に移築した土木遺産である。

そんな日本の鉄道の原風景ともいえる長井線だったが、高度成長さ中の一九六八（昭和四十三）年には路線廃止案が浮上した。マイカー時代を迎え、乗客の減少も目立ち始めたからだ。最盛期の一九六一（昭和三十六）年には年間二百六十万人が利用したが、十年後には百三万人にまで減っていた。

路線廃止計画は沿線住民の反対運動で立ち消えになったが、十一年後の一九七九（昭和五十四）年に再び国鉄は膨大な赤字の解消策として全国のローカル線の二割以上、五千キロを切り捨てる方針を打ち出したのだった。

当時の長井はとてもにぎやかな町で、長井駅から最上川の土手に向かって延びる新栄町通りの両側には木造三階建ての泉屋旅館や映画館の「菊水館」などが立ち並び、スズラン灯の電球が灯されていた。あやめまつりや白つつじまつりの時は観光客も増え、身動きができないほどの人出だったという。

このころ、長井駅から荒砥駅にある県立荒砥高校へ長井線で通っていて、現在も地元で馬肉の商品開発を担当している樋口菜穂子は「長井線は三両編成のディーゼルで走っていて、一両は普通の高校生グループ、もう一両は不良グループ、残りは遅刻しそうなグループという構成で、通勤客も多くてそれはにぎやかでした」と青春の思い出を振り返る。

「実家の中央会館には官公庁のお役人さんが週に三回くらい宴会にきてくださるほど景気も良かった。長井線でＳＬの廃止が決まり、兄が『サヨウナラＳＬ』という文章を書き新聞に載ったことも記憶しています」と語るのは県立長井高校に通っていた村田裕子だ。

樋口と村田に共通の思い出として残っているのが、地元のフォークグループ「影法師」が一九八一（昭和五十六）年に歌った「今日もあの娘は長井線」である。

♪♪たとえ見慣れた街へでも小さな旅に出かけてごらん

きっと何かに出会うはず
今日もあの娘は長井線
いくつもの人生のせて走る
長井線の旅よいつまでも♪

赤湯から荒砥までの沿線の風景を織り込みながら、自分たちの住む街を見つめ直してみようという影法師の作った歌は、分かりやすい歌詞と軽快なメロディーに乗って、長井線廃止反対運動のテーマソングとして広がっていった。

沿線自治体を中心に反対期成同盟会も結成され、地域のエネルギーを結集していき、それはやがて長井線が一九八八（昭和六十三）年に国鉄として廃止された後も、山形県や地元自治体が出資する第三セクターとして存続する力になった。

『スウィングガールズ』で注目

そうした地域のエネルギーで守ってきた長井線だが、基本的には乗客の七割以上が学生という地味な生活路線だ。朝夕走る二両編成は中高生で満員になるが、昼間の時間帯はガラーンとしていることが多かった。

一九八五（昭和六十）年度の営業係数は八四三で、これは百円の収入を上げるのに八百四十三円かかるという意味。当初から黒字化は厳しいと予測されたうえ、利用者は一九九〇年度の百四十四万人をピークに減少し、二〇一五（平成二十七）年度は五十九万七千人にまで減った。

その間、利用客が一時的に増える現象も。

長井線をロケ地にした映画『スウィングガールズ』が二〇〇四（平成十六）年に封切られた時は、全国から多くの観光客がフラワー長井線の沿線に駆けつけた。

人気女優の上野樹里や貫地谷しほりらが演じる女子高生がアルバイトをしながらジャズにのめりこんでゆく、青春の泣き笑いドラマが大きな話題になったのだった。

田舎の女子高生が「A列車で行こう」をサックスで吹く場面に皆拍手したものだった。

しかし、山形新幹線の開業に伴い、フラワー長井線の沿線から赤湯駅まで車で移動する住民も増えて、山形鉄道の利用客はさらに減り、累積赤字は二〇一五年度末までで三億五千八百万円と膨らんだ。

県と沿線四市町が毎年計六千万円を拠出して穴埋めしてきたが、抜本的な打開策を切り開かなければということで二〇一六（平成二十八）年に列車運行は山形鉄道が担い、鉄道用地は四市町が保有する「上下分離方式」を採用することになった。

固定資産税の負担がなくなり、施設整備などへの国の補助率がアップする――ということで、わずかながらも黒字化の見通しが立ってきた、という。

この流れを後押しするように、季節の花をまとったラッピング列車や「ローカル線プロレス」、「ワイン&ぶどう号」などの企画列車も走るようになってきた。

鈴木酒造店も加わる「おきたま五蔵会」の地酒列車もそうしたイベントの一つである。団体客専用の車両には地元出身の専用ガイドも付いていて、進行中に校庭が山形県で一番広い長井南中学が見えてくると、

「悪さして、罰としてあんなに広いところ走らされたらかなわない、と誰もが思うでしょう。だから、ここの中学に通うのは皆いい子たちなんですよ」と紹介して乗客を爆笑させたりしている。

長井で感じる季節の移ろい

そんなのんびりした山里へ太平洋側の海辺から移り住んだ鈴木酒造店の一家は、どのような暮らしをしているのか。

葉山の連山がまだ白く雪に覆われている春四月。麓の最上川堤防には千本桜が花咲き、

五月半ばには白つつじ公園に純白の琉球種が咲き競い、フジの花を田んぼの畔でも見かける。

「浪江ではお日様もお月さんも海から昇ったけど、長井では人家の屋根から顔を出す。請戸にいた時分は蔵の庭にあったヤマザクラを見ながら酒を呑んだものだが、震災を体験してからは桜が咲いたからといって正直花見に出かける気分にはなれないな」と語るのは、鈴木家の家長・市夫である。

「冬は豪雪地帯なので、ここに移った当初は雪かきに精神的に助けられました。何も考えないで、一心に作業をすれば震災のことも忘れることができたから」と話すのは、市夫の妻スミヱだ。

「長井は春が来るのは遅くて、一度に初夏が来るという感じ。請戸ではお彼岸のころから少しずつ春になるのに、ここではこの時期は雪がいっぱいでお墓参りもできない。それが四月半ばすぎになると、ウメもサクラもスイセンも一斉に花開くのです。

洗濯ものを干しても浪江は海辺だったので午後二時を過ぎたら湿ってしまうが、長井は乾いているので夕方まで取り込まなくても大丈夫」

スミヱは酒蔵の仕事や孫の世話を手伝う傍ら、長井市から借りた家庭菜園でキュウリやナス、トウモロコシなど請戸時代と同じ野菜を育てながら、山里の季節の移ろいを自分な

千年の歴史を持つ「ながい黒獅子まつり」。2017年5月

りに楽しむようになってきた。

「長井は朝晩の温度差があるためか、果物ばかりか、行者菜や花作大根のような地の野菜も味があっておいしい。水がきれいなところも魅力」と鈴木大介の妻裕子は感想を話す。

つつじの白い花が咲くころ、鈴木酒造店の酒米「さわのはな」を育てるため、全国から駆け付けた磐城壽ファンによる田植えが始まる。

目玉が大きく飛び出た黒獅子が蛇のように踊る「ながい黒獅子まつり」で町内が盛り上がるのもこの時期だ。

この獅子舞は平安後期に起きた「前九年の役」（一〇五一年）のころが始まりとされ、安産や子どもの成長などを祈る伝統神事で、

稲刈りの手伝いをする鈴木荘司の長男駿太郎。2016年９月

鈴木荘司の長男駿太郎は小さい時からこの獅子舞に遊ばれるのが大好きだった。

浪江と長井の違いはいろいろあるが、ホタルが舞うところもそうで、鈴木一家が長井へ移ってきて最初の酒造りを終えた二〇一二（平成二十四）年の六月、自宅前の小川から庭へホタルがたくさん飛んできて皆を驚かせたという。

「この時の造りは一日も休まずに甑倒しを迎えたのでした。宴を終えて家へ入ろうとしたら浪江では見ることもなかったホタルの乱舞を見たのです。

浪江で亡くなった人たちが、私たちの酒造りを見守ってくれていたんだなと家族皆で感激して涙がこぼれたものです」とスミヱは振り返る。

六月半ばになると、あやめ公園に紫、青、白色の百万本の花しょうぶが咲きそろい、八月の気温が四十度近くに上昇するときには梅花藻《ばいかも》が水路にゆらめく。

　九月に入ると、暑さもおさまり、ピンクや白色の秋の季節の花・萩が咲く。

　そして、最上河畔の田んぼは黄金色に輝き、鈴木酒造一家の稲刈りも終わる。

　こうしたゆったりした季節の流れの中で、心をいやされていったのが荘司の長女みどりだろう。大介の長男彦気と同じように浪江で苛酷な体験をしたため、一時滞在先の米沢の幼稚園では毎日泣いて親から離れようとしなかった。

　それが長井の幼稚園へ移ると人なつっこい人々に囲まれ、少女らしい笑顔を取り戻したという。現在は長井南中学に通い、剣道部で団体戦の大将を務めるほど活発に過している。

時代の波にのまれる庶民の空間

　初冬の落ち葉の時期、最上川沿いの観光小径《フットパス》を散策するのもいいものだが、タスパークホテル近くに「小出船場」と書いた石碑がある。

　この辺りから見る母なる川の流れは実にゆったりしていて、三百年余りも前に行われた大掛かりな河川の難工事のことなど想像もつかないだろう。

　かつて最上川の荒砥からすぐ下流に黒滝という高さ三メートルほどの滝があって、船の航行ができなかった。

そこで米沢上杉藩の御用商人、西村久左衛門が元禄五（一六九二）年に一万七千両という莫大な金を投入して二年間にわたる難工事の末、川床の岩を削り取って船が自由に通行できるようにした。

この結果、長井から酒田へ出て京都、大阪、江戸へと物資を届ける北前船の日本海西回り航路を使えるようになり、長井は最上川舟運の最上流発着場として重要な位置を占めるようになった。明治十（一八七七）年には五十一艘《そう》の船があったとの記録も残る。

長井から船に積み出すのは米、材木、蠟《ろう》などで、関西からの上り荷は塩、砂糖、木綿、干し魚などで、これらを扱う問屋の商人が長井に集まり、城下町米沢に匹敵する商業都市として繁栄した。

その時代に栄えた多くの問屋や豪商の面影を残す木造の建物が今でも長井市内の粡町《あらまち》を中心にいくつか残され、独特の歴史的景観を作り出している。

宮地区の丸大扇屋は三百五十年前から代々呉服商を営んでいた商家で、町家の佇まいを残した店蔵や茅葺屋根の母屋、座敷蔵があり、県の有形文化財に指定されている。水と緑が織りなす庭園も美しい。

小出地区にあるやませ蔵美術館は、元は江戸から続く紬《つむぎ》問屋で、明治に建てられた蔵には長井紬に関する貴重な資料や美術品が展示されている。庭には水路があって秋の紅葉が見事だ。

その近くにある山一醤油製造所は寛政元（一七八九）年の創業で、平屋の古い木造建築物は国の有形文化財に登録されている。

今も醤油の醸造を続けており、「あけがらし」という調味料で有名だ。辛子麹に麻の実を混ぜたもので、ふくよかな辛さと芳醇な甘みが特徴。温かいご飯の上にのせたり、冷や奴や湯豆腐など懐石料理にも合う。

七代目店主で初代の長井市長も務めた斎藤弥助が東京で学生生活を送っていた時、寄宿舎で同室だった哲学者の谷川徹三（一八九五―一九八九年）が落語の「あけがらす」に引っ掛けて、こう名付けたのだそうだ。

鈴木酒造店の田植えや稲刈りで長井を訪れた磐城壽ファンは必ずこのあけがらしを酒の肴に買って帰る。

長井市内にはこのほかにも、旧西置賜郡役所である小桜館や欧州十七世紀のチューダー朝様式の旧小池医院、一九三三（昭和八）年に建てられたオレンジ色の木造校舎が美しい旧長井小学校などがある。

歴史的な建造物が多く立つ長井市の中心部は二〇一八（平成三十）年四月に国の重要文化的景観に選定されたが、二〇一九（令和元）年八月にはフラワー長井線の長井駅舎が解体された。一九一四（大正三）年に開業、改修を経た古い木造駅で、長井市役所の新庁舎が移転建設されるのに伴い、その一部に新駅舎も組み込まれる計画だ。

旧駅にはそばを食べるコーナーや産地野菜の直売所があり、地元のお年寄りがおしゃべりする場所にもなっていたが、そうした庶民の空間も時代の波にのまれていった。

長井の水は輪郭のある軟水

「浪江時代に比べ、長井は水がきれいでくせがない。酒は常温貯蔵すると大味になるのが普通だが、ここでは却って味が良くなっていくのには正直驚いた。酒質は明らかに向上した」

長井の水質をこう賞賛するのは、鈴木酒造店の屋台骨を支える鈴木荘司である。福島の海辺の蔵で酒造りに使っていた井戸水は硬水で、クロール（電解質成分の一種）が多く、コメは溶けやすかった。

潮の干満にも影響され、後味が重く、このため、酒をある程度熟成させる時間が必要だったが、それが磐城壽という酒に独特なトロミ感を与えていた。

浪江の水に対して長井の水は輪郭のある軟水といってよく、水源地に当たる朝日連峰には白神山地の五倍に相当するブナ林が広がっていた。そこから花崗岩を通して流れ出るミネラル分豊かな良質の水を最上川の支流・野川に供給していた。

この川が繰り返し氾濫することによってでき上がった扇状地が長井市で、その分水群として市内には撞木川《しゅもくがわ》、木蓮川《もくれんがわ》、平野川、花作川《はなつくりがわ》などの石積みによってできた水路が網の目のように走り、水の町独特の景観をつくってきた。大樋川と野呂川のように立体交差する水路は特に珍しい例である。

鈴木酒造店のすぐわきを流れる花作川には夏になると梅花藻《ばいかも》という白梅のような花をつける水草が生え、その下をウグイなど小さな魚の群れが走る。

「試しに投網を打ってみたら、何と十センチくらいのアユがたくさん網に入ってきた。塩焼きにして食べたが、美味かった。これは驚きでした。最上川の本流から遡上してきたのだろうか。長井は水が本当に豊かな町なんだと改めて驚かされました」と鈴木大介も語る。

そんな水に恵まれた長井では水道水も地下四十五メートルから引いていて、その水をボトルに詰めて「山紫水明の郷　長井花のしずく」として売り出していて好評だ。

グンゼの女工の活力源だったコイ

長井の地名は「水の集まるところ」に由来することは前にも触れたが、「最上川舟運で財を築いた商人が自分たちの力で水路を切り開き、それを各屋敷へ生活用水に引き入れる

『入れかわど』があった。台所でそのふたを開けると中でコイが泳いでいたものです。夏にはスイカを丸ごと冷やす、天然の冷蔵庫の役目も果たしていた」と振り返るのは、ビジネスホテル長井屋の主人遠藤忠昭だ。

置賜地方は江戸後期の藩主、上杉鷹山《ようざん》の治世に人々は稲作と養蚕を基盤にして、質素、倹約を旨とする自給自足の食生活を続けてきた。その一環で、各家庭の庭に池を掘って、滋養の高い魚のコイを飼ったのである。

残飯や蚕のさなぎを食べさせて大きく育てたコイを必要に応じて池から網ですくい上げてまな板にのせて料理するのだが、一番喜ばれたのはコイの旨煮だった。平たい鍋にコイの切り身を並べてザラメ砂糖に醬油、酒、水を入れてゆっくり煮るが、身の表面にきれいな照りが出てきたら完成で、ハレの日や行事の日、来客時に欠かせないごちそうだった。

ビジネスホテル長井屋は、明治の中期創業という老舗の長井屋旅館を一九八九（平成元）年にホテル様式に作り替えた。宿泊客の生活スタイルが変わり、和風旅館を好む人も少なくなってきたからだ。

鈴木酒造店の田植えや稲刈り、酒蔵見学に訪れる人たちが長井市内に泊まる際の宿泊先の一つにもなっている。

主人の遠藤は一九四二（昭和十七）年生まれで、地元の県立長井高校を卒業。京都へ行き同志社大文学部を出てから南紀白浜の皇室御用達のホテルなどで働いた後、長井へUターンした。

遠藤の妻美津子は「私が四十年前に長井へ嫁いできたころはスーパーでもコイの切り身がふつうに売られていて、家庭でも甘辛く煮付けた旨煮を食べていた。今でもコイの総菜は売られているけれど、買う方は年配者が多く、若い人たちの食生活は変わってきたように思います」と話している。

コイについては大正時代に長井へ進出した製糸業のグンゼに勤める女工たちの活力源にもなっていて、旨煮をよく食べていたという。

長井市には西置賜郡の分庁舎役所が置かれてきたことから分かるように、農業だけではなく企業の城下町だった時代もあるのだ。

「東芝グループのマルコン電子、繊維のグンゼ、協同薬品の三社が長井市で発展したのも、すべては長井の水質が良かったから。特にグンゼは、まゆを糸にする作業はきれいな水の中で行わなければならないので、質のいい地下水が大量に必要だった。そんな水を大事にする町だったから子どもが水路にゴミを捨てたり、おしっこをしたりしているのが大人に見つかると厳しく叱られたものです」

とは郷土史や地元の文化にも詳しい遠藤忠昭の解説だ。

東芝のマルコン電子は、地元からの熱心な誘致活動を受けて一九四二（昭和十七）年に長井で工場を開いた。戦後、日本が高度成長期に入ると扇風機や洗濯機などの家電製品が飛ぶように売れ、工場も増設した。

それが一転、昭和四十年代以降は円高や構造不況などで経営危機が表面化した。それでも長井市の製造品出荷額の三〇パーセント近くを占め、「マルコンがくしゃみをすると、長井は風邪をひく」とまでいわれたことも。

一九九五（平成七）年に東芝は九四パーセントを保有するマルコンの株式をすべて日本ケミコンに売却。二〇〇五（平成十七）年にマルコン電子は解散し、東芝進出以来の歴史に幕を閉じている。

独特の惣菜、馬肉チャーシュー

長井屋はビジネスホテルに名前を変えたとはいえ、かつての名門旅館の面影が今でも残っていて、支配人の遠藤美津子が毎朝出す手づくりの和朝食が評判になっている。

二〇一六（平成二十八）年五月のある日のメニューを一例として挙げるが、午前七時に食堂で食べることが条件で、このホテルでは朝寝坊は厳禁になっている。朝食料金は千円。

・ワラビ、アイコのお浸し
・シオデ（山のアスパラガス）をゆでたもの
・青菜の辛し和え
・コシアブラ、山ウド、アスパラガスの天ぷら
・ウコギの和え物
・馬肉チャーシュー
・ニシンの昆布巻き
・タケノコ煮付
・卵の味噌漬け
・トロロ芋
・山菜入りの味噌汁
・ご飯

この季節の山形は葉山の緑の峰々に白い雪がまだ残るころで、ふもとから中腹にかけて山菜が一斉に芽吹く。豪雪地帯で長い冬を過ごして春を待ちわびる人々への山からの贈り物という感じだ。

山菜は普通の野菜に比べ独特の苦みや香りを持っていて、この苦み成分には抗酸化作用のあるフラボノイドやタンニンなどのポリフェノール類が含まれ、健康にいいのだという。山形県で山菜料理の専門店というと霊峰月山に抱かれた西川町の「出羽屋」があまりにも有名だが、長井のビジネスホテルでも上記のような山菜料理は楽しめるのである。

タラの芽の旬は終わっていたようで、この日のメニューには入っていなかったが、ウコギという耳慣れない名前の山菜に気づくだろう。

これは米沢藩の上杉鷹山が農家に食用を兼ねて生垣に栽培させ、親しまれてきた野の菜だ。苦みと独特のくせがあるため、塩ゆでにした芯の部分をみじん切りにして炊き立ての飯に混ぜてウコギ飯にしたりする。緑色が目を引き、春の香りを感じさせる一品となる。

朝食のメニューの中に、馬肉チャーシューが出てくるが、これは日本の他地域にはない長井独自の総菜といっていいだろう。

長井にはかつて草競馬場があったり、山間地の斜面を耕作する際、牛より力がある馬が重宝されたことなどから馬食文化が広がった。

馬刺し、馬肉ラーメン、馬肉メンチカツ、イモ煮、馬肉肉まん、馬肉スモーク、さくらフランク……。と、さまざまな馬肉料理があることから、長井商工会議所は二〇一二（平成二十四）年に八《バ》月二《ニ》十九《ク》日を「ながい馬肉の日」と制定している。

長井市の中心部、あら町にある食堂の「新来軒」は一九三〇（昭和五）年創業の馬肉ラーメンの老舗だ。

代表メニューの馬肉チャーシュー麺は、透明度の高い醬油ベースのスープに白っぽいもっちりしたやや太めの麺が沈み、その上に薄切りにした馬肉のチャーシューが六枚並ぶ。馬肉チャーシューは豚肉のそれに比べて脂肪が少なく、弾力に富んでいて、嚙めば嚙むほど深い味わいが出てくるのが特徴だ。

山形県はラーメン消費量が全国一で、さまざまなラーメンがあるが、新来軒では夏になると、馬肉のチャーシューものせた「冷丼《ひやどん》」と呼ばれる冷たいラーメンを出していて好評だ。

日本全国どこの中国料理店にもある、酸味の冷やし中華とは違って、ラーメンそのものを丸ごと冷やした感じである。内陸の盆地にある長井は夏になると、気温が四〇度近くまで上がることがあって、冷丼は飛ぶように売れている。

今も残る「馬街道」

ところで、余談ながら長井と馬のつながりは歴史的に見れば、いつごろまで遡ることができるのだろうか。

平安時代末期には、長井を含む置賜地方は馬の産地であり、馬を年貢として納めていた記録も残っている。貴族や武士はいくさで活躍する奥州の名馬を求めていたとみられ、鎌倉時代に入ると交通手段や物資輸送に加え、農耕馬の需要も増えてくる。

長井市横町の遍照寺境内にある馬頭観音堂には鎌倉時代初期の作といわれる馬の守護神・馬頭観世音菩薩が祭られている。

馬頭観音は馬を病気から守り、大事に育ててくれる仏様で、その故事来歴を大事にして昭和三十年代初期のころまで七月一日に馬の祭りが行われてきて、一日に千頭もの馬の参詣があった、という。

江戸時代の米沢藩は慶安四（一六五一）年に領内で馬市を始めた。そして、主要な街道に伝馬と人足を常駐させ、最上川沿いの長井には宮駅と小出駅を置いた。

こうした中で、新潟県新発田市と米沢間を結ぶ越後街道から長井へと通じる道は馬や馬車の往来の多さから「馬街道」と呼ばれていて、今でも長井市の公式の市道名に残されている。

「昭和三十年の半ばごろまで、長井の肉屋には牛肉と馬肉はあっても豚肉はなかった。豚は高級食材と受け止められていたからで、おやじが養豚の盛んな朝日町へ子ブタを買い付けに行っていたことを覚えている。

農耕用に使われていた馬を食べるのは山形でも新庄と長井くらいで、米沢では食卓に並ぶこともなかった。長井では馬刺しを食べていたが、新庄では煮込みを食べる生活が一般的だった」

長井の馬食の歴史について詳しく語るのは地元の精肉店・丸川の二代目、一九五六（昭和三十一）年生まれの丸川正幸だ。

馬肉は牛や豚に比べて、鉄分やグリコーゲンが豊富で必須アミノ酸も多く含み、健康食品として知られていた。

それで、獣肉食が禁じられていた時代でも長井の人々は「薬食い」と称しながら「桜肉」という隠語を使って食べてきて、今の時代へつながるようだ。

といっても、長井で食用の馬を飼育しているわけではなくて、熊本に続く馬肉生産量第二位の福島県会津地方で育てた桜肉を運んできているのが現状だ。

「気が付けば長井では馬肉は刺身やチャーシュー、煮込みなどの大人の料理になっていて、いいものは米沢牛に続くくらい値段が高くなってしまった」と丸川は話す。

馬肉の魅力をさらに広げるために「思いついたら実践」がキャッチフレーズの樋口菜穂子と「アイデアのおもちゃ箱」という会社を立ち上げ、馬肉ラーメン肉まんなどの新商品を作って道の駅などで売り出している。

東北では秋になると芋煮会がどこでも盛んになって、山形市内では牛肉の醬油味、仙台市内では豚肉の味噌味が一般的だが、長井では馬肉の塩味の芋煮を近年よく見るようになってきた。鈴木酒造店の稲刈りに来た面々が馬肉の芋煮に舌鼓を打つこともあるのだ。

鈴木家の食卓

海に面した福島・浪江と比べ、内陸の地・長井でこうして馬肉や川魚のコイなどを食べる食生活と鈴木大介、荘司兄弟が造る「磐城壽」や「一生幸福」という酒はどう調和していくのか。

「馬刺しは海の魚の刺身を食べる感覚でニンニク醬油を付けて食べるので、磐城壽の本醸造で十分いけますね。馬肉チャーシューとの相性も悪くない。コイの旨煮は海でとれる魚の甘辛い煮付と同じと考えれば問題はないでしょう」

鈴木兄弟はこう答えるが、二人の父親の市夫は「宴席に招かれても、馬はともかくコイ料理がでなければいいいな、と思うことは正直あります」と言って、苦笑いする。

ちなみに、大介の長男彦気は馬刺しに甘い醬油ダレを付けて食べるのが好みだそうだ。肉の脂身は苦手で、牛の霜降りなど食べたがらないという。

荘司の長女みどりと長男駿太郎も馬肉の刺身やチャーシューが好きで、特に馬刺しは二人で取り合いになるほどの好物という。

鈴木家の長老は、太平洋に面した漁村で長年暮らし、新鮮な海の幸を活力の源にしてきた。それが、古希を過ぎてから突然の山国での食生活に変わることを余儀なくされた。元気に酒造りを続けているとはいっても、子どもたちのように身体も心も十分対応できないのは自然の理というものだろう。

鈴木酒造店の当主、鈴木市夫は一日の仕事が終わると、酒蔵から歩いて五分のところにある自宅へ引き揚げ、妻スミヱの心づくしの手料理で一杯やることを楽しみにしている。

二〇一五（平成二十七）年二月初めの夕げの光景は、次のようなものだった。

数の子とひたし豆、青菜のおひたし、手作り子持ち昆布、レンコンと「もってのほか」という食用菊の酢の物、白菜漬物の小皿が並ぶ。

主菜は本マグロの造りとネギトロ。サケと玉ねぎのスープ仕立て、塩ザケのアラを酒粕で煮たものなど。鮮魚がすぐ手に入る浪江時代とは比べようもないが、内陸の地・長井でもこの日はいい本マグロが手に入ったという。

山形県の歴史を振り返ると、長井で生のマグロを食べることができるようになるのは明治三十年ごろで、最上川舟運で河口の酒田から六日かけて積み荷が届くようになってからだった。

しかし、食べると口がしびれるようなマグロもあったというから鮮度の想像もつくというものだ。

これらの肴をつまみながら「磐城壽」の薄にごり純米酒「ことぶき」を一升瓶からそのままガラスのグラスに注ぎ、クピリ、クピリとやる。この酒は上槽の際に酒質が一番安定するといわれる中汲の部分で、メロンのような香りがするのが特徴だ。

「燗にしたり、冷やしたりはしない。常温で呑むのは温めたりする時間を待つのが惜しいからだ」と言って、気が短い蔵元は笑う。

鈴木家の食卓は季節に合わせて彩りも変わる。

山菜がそろう五月にはタラの芽や山ウド、コシアブラなどの天ぷらをメインにしながらも、カツオやイナダなどの刺身が食卓に上る。

酒の造りが本格化する冬場には鈴木家の特製湯豆腐を家族皆でつつき合う。

これは土鍋に豆腐、昆布、白菜を入れるところまでは普通の湯豆腐と同じだが、縞《シマ》ホッケの塩漬けを入れてダシを取るところに大きな特徴がある。

ホッケはアイナメに似た底魚で、縞ホッケは真ホッケより冷たい北の海にすみ、脂も強い大衆魚で、この塩蔵魚が実にいい味を出す。

湯豆腐の時の副菜は、サケの筋子を酒粕に漬けたものや北海道産の塩ウニなどがカレーライスに付ける福神漬けのような役割を果たす。

付けだれは生姜醬油、ポン酢など好みのものを選ぶが、「この鍋のつゆでラーメンを作ったらうまいですよ」と大介が話せば、弟の荘司は「俺はあまり好みではないな」と言って笑う。

鈴木家では浪江から長井へ移った当初は、市夫が古い民家を借りていて、近くで大介一家もアパート暮らしをしていたが、二〇一七（平成二十九）年の春に大きな二世代住宅を建てて、同居を始めた。

だから、夜や朝の食事の時は大介、裕子夫婦の息子で長井高校へ通う彦気《げんき》や娘の結も加わり、にぎやかな時間を過ごすことになる。

家の玄関には浪江の酒蔵から持ち帰った石を敷き詰めて使っている。浪江のことは決して忘れない、という一家の強い気持ちの表れだ。

弟の荘司一家は酒蔵に遠くないところに新居を構え、夜中でも蔵仕事に通えるようにして、鈴木家を上げて酒造りに取り組んでいる。

地元からラブコール

鈴木酒造店の一家が長井へ移った当初、誰もが新天地での生活と仕事に希望を持ちながらも、一抹の不安を抱いていたことは確かである。

「はじめはよそ者が、といった目で見られていた。外を通る人は蔵の中をそっと覗き込んだりしていた。それが明らかに変わったと感じたのは実際に酒ができ上がってからのことでした」

と振り返るのは、鈴木荘司だ。

東日本大震災が起きてから九か月――。長井で酒造りを再開し、しぼりたての新酒ができ上がったばかりの二〇一一（平成二十三）年十二月も末のことである。

「夕方六時まで蔵の仕事をして、家へ帰ってメシを食い、七時すぎに麹を切り返す作業をするため蔵へ戻ると、空の一升瓶が入り口に置いてあった。『とてもおいしかったです』と手紙が添えてあるのを見た時、『この町でやっていけるぞ』と蔵のみんなで大喜びしたものです」

この時を境に、鈴木一家は地元・浪江の思いを胸の奥に深く刻みながらも、異郷の地での試行錯誤の酒造りへ全力を投入していく。

「正直な話、レベルの高い酒だと思いました。東洋酒造は実はそうこだわりの酒は造っていなかったのです」

こう打ち明けるのは、しぼりたての「磐城壽」の新酒を一口飲んで、心を揺さぶられたという「まるきち酒店」の鈴木堅司だ。

昭和初期から地元・長井で三代続く酒販店の店主で、一九六七（昭和四十二）年生まれ。東洋酒造の歴代株主の一人でもあったので、「町から酒蔵がなくなったら、長井という歴史ある町の地域文化の再生ができなくなる」として、鈴木は鈴木酒造店へ出向き、自ら頭を下げたのである。

「長井ではよそから来た人に自分のところへあいさつに来てほしい、と考えるのが普通です。しかし、鈴木酒造は浪江時代から、自分の蔵へ足を運ぶ酒販店を大事にしてきたと聞いていたので、『長井の地酒の一生幸福を引き続き造っていただけないか』とこちらからお願いに伺ったのです」

鈴木堅司は「磐城壽」を口に含んでの感想を「甘味、酸味……と味に緻密さがあり、米の味が酒にしっかり出ていた。山形の酒は出羽桜のようにどちらかといえば香りのたつ酒が多いので、鈴木酒造の酒は分かってもらう人に分かってもらえばいい、というスタンスにブレがないのがすごいと思った」

として、次のように続ける。

「鈴木酒造の山廃純米酒はコイの旨煮や芋煮のような味の濃い料理とピタリと合う。馬刺しとはどうだろうか、という印象も正直持った。結局、長井へ移って『水』との出会いが良かったのでしょう。

ここは朝日連峰から最上川に向かって傾斜している扇状地になっていて、そこを網の目のように水が流れ、十メートルも掘ると良質の地下水が豊富にわき出てくるのです」

酒造りの終了を祝う宴

鈴木大介、荘司兄弟が造る酒を「一生幸福」、「甦る」、「磐城壽」……とすべての銘柄をそろえて客に出しているところが、長井市の割烹料理店「山志ん」である。

「あやめのふるさとサァサおいでよ長井の里へ来ればながいがしたくなる」

店の案内書にこう記す小粋な料理店で、二〇一五（平成二十七）年七月四日、鈴木酒造の今季の酒造り終了を祝う甑《こしき》倒しの宴がこの店で開かれた。

あの震災が起きた二〇一一（平成二十三）年の三月十一日も甑倒しの日に当たっていたが、大津波の襲来でそれどころではなかったことはこれまでにも触れてきた通りだ。

浪江から長井に移り、ようやく酒蔵本来の造りのサイクルに戻ったわけだが、ここでその甑倒しについて少し説明しておこう。

酒造りの過程で、最後の醪《もろみ》の仕込みを終えることを甑倒しと呼ぶ。釜に据え付けていた米を蒸すための道具である甑を横に倒して洗うことから、こう名付けられたのである。「山志ん」の宴は夕方からだが、甑倒しの儀式はこの日の午前九時に鈴木酒造店の米を蒸すための和釜の前で始まった。

まず神棚を設《しつら》え、祭壇に尾頭付きのタイ、カツオ節、米、ひねり餅、大根、赤カブ、ブドウなどを並べて「磐城壽」本醸造酒の一升瓶を置く。ひねり餅というのは原料米の蒸し加減をみるために作った丸い餅状のものをいう。

次いで、酒の神様である松尾様のお札《ふだ》や仕込みで使う櫂棒、桶などを並べる。そこへ鈴木市夫社長以下、若手蔵人の冨樫光生たち全員が並び、神棚に向かって参拝し、杜氏の鈴木大介からお神酒と肴の塩をいただく。

大介が酒の出来が良くなりますようにと松尾様に祈願して「サアヨンセエ、……ハイと〜ろりなあ」と「とろり唄」を歌うと、蔵人たちも手拍子を打って「ハイよかろうなあヤイよかろとヤエ」と返し、全員で「良い酒良い酒ヨーイヨーイ」とはやしを上げて、その場の雰囲気を盛り上げていく。

最後に、大介が蔵人の一人一人に祝儀袋を渡して、甑倒しは終わるのであった。

鈴木酒造店が震災で浪江から長井へ移ってきた当初からドキュメンタリーを撮り続ける映像作家の坂本博紀がこの儀式を見ての感想を、次のように語る。

「現代の酒造りは数値化、機械化が進み、コンピュータが酒を造るような蔵もあるが、鈴木酒造は津波によって酒造りのデータをすべて失った。蔵人は今でも汗を流しながら試行錯誤の酒造りを続けている。

それだけに、鈴木さん一家はこの場を自分たちの酒造りの原点を見直しつつ、神さまに酒を造らせていただいていることを感謝する場にしているのではないか、そのように感じています」

「磐城壽」にほれ込んでいる坂本は毎年十一月になると、福島県いわき市の酒販店などが作る酒林《さかばやし》を鈴木酒造店に届けるようにしている。スギの葉を集めてボール状にしたもので、杉玉とも呼ばれる。蔵の軒下につるし、新酒ができたことを知らせる役割があるのだという。

この後、誰もが待ち焦がれた宴が始まる「山志ん」は、今から三百年も前の最上川舟運時代から続く長井でも老舗の割烹で、当代店主・今野雅憲が十代目に当たるという。

「創業時の記録は探しても見つからないのですが、百畳敷の大きな部屋で芸者をたくさん集めて最上川の川魚料理で宴会をやった時代もあると聞いています。

戦時中は長井で唯一営業が認められた料理屋で、あの時代に父親の弁当はいつも白米だったそうです。そのおやじがサラリーマンになり店を継がなかったので、自分が祖父母から店を引き受けることになりました」

今野は店の由来についてこう振り返るが、明治時代に活躍した放浪の日本画家、菅原白竜（一八三三―一八九八年）が山志んに泊まった際の宿賃代わりに書いたという掛け軸が飾ってあって、文人とも交流があった店の歴史を彷彿させる。

地元で一九六二（昭和三十七）年に生まれた今野は長井工業高校を卒業した後、大阪に出て調理師の専門学校で学んだ。それから東京の帝国ホテルにある「なだ万」や赤坂のすし割烹などで腕を磨いてから、一九八七（昭和六十二）年に長井へＵターンした。

「当時は今と違って呑み屋の数も少なく、夜の八時になると町には人も車も通らない状態だった。それでも東芝系のマルコン電子はまだ元気がある時期で従業員の数も多く、週に三、四回は宴会に使ってもらい、店をリニューアルした際の借金を返すことができた」と話す。

今野は紅花《べにばな》生産が日本一で、天然アユも多く取れる白鷹町出身の栄美子と一緒になり、夫婦で仲良く店を盛り立てている。

みのもんたの「おもいッきりテレビ」が一九九五（平成七）年に取材で長井へ来た時は、天然アユの焼き吸い物、コイの田舎味噌漬け、コイモのオランダ揚げなどの創作料理を出して、話題を集めた。

「しかし、長井というところは工夫した料理ができ上がる度に一番おいしい状態でお客さんに出しても喜ばれない。一度に目の前にお皿がたくさん並ばないと納得ができないという土地柄なのです」

こうした事情もあるため、今野は山志んでは大衆的な品書きと創作料理を軸にしたメニューの二本立てで客に対応しているが、鈴木酒造店の甑倒しのような宴会には、新鮮な食材を使って本格的なコース料理を提供していることはいうまでもない。

甑倒しの宴はブレーンストーミングの場

「やれやれ、これで好きな納豆ご飯が腹いっぱい食える。一年のうち十か月も我慢した甲斐があったというもの」

鈴木大介がこう笑えば、「ヨーグルトも解禁。土いじりの農作業もできるようになった」とほっとした表情を見せているのが、弟の荘司である。

日本酒造りに納豆菌は大敵で、これが米麹に付着して繁殖するとヌルヌルした麹になってしまい、良い酒ができなくなるという。

ヨーグルトに含まれる乳酸菌のうち火落菌と呼ばれるアルコール耐性菌が乗り移った酒は不快な臭いを放ち、商品にはならない。

土壌の中にはさまざまな特性を持つ細菌が生息しているため、蔵人は造りの期間中は家庭菜園での土いじりも禁じられているのだ。ミカンなどの柑橘類も皮に火落菌が付いている恐れがあるため、同様の扱いとなっている。

蔵人は酒造りの期間中、衛生面に配慮したさまざまな制約を課せられている。それだけに、甑倒しによる納豆解禁を最高の贈り物と受け止める向きが多いのは、同じ発酵文化の恩恵に与っている職業人としては自然な感情なのだろう。

鈴木酒造店は浪江時代は十月に造りに入れば、翌年三月には甑を倒す半年醸造だったが、長井へ移ってからは七月までの三季醸造が原則になっている。

震災から四年余りがたった今季醸造した酒の量は小型の三キロタンクで九十七本分、このうち純米酒が八割、本醸造酒が一・五割、残りが普通酒という割合だった。

社長の鈴木市夫は甑倒しの宴席の冒頭で「皆さん、十か月もの長丁場を本当によく頑張ってくれた。ありがとう。仕込んだ醪がまだ落ち着かない状態なので、あと一か月安全醸造をお願いします」とあいさつした。

この後、杜氏の大介が酒粕から焼酎とみりんを造るプロジェクトに国の補助金が付いたことを報告すると、「それはすごい。おめでとうございます」と皆で喜び、盃を交わし合った。

宴席には大介夫婦の息子の彦気や荘司夫婦の長女みどり、駿太郎ら子どもも加わってにぎやかなハレの場となっていく。

「震災が起きた日も甑倒しだったけれど、皆が寝込んだ夜中に津波に襲われたら今日こうやって祝いの酒を呑めなかった」と市夫がしみじみと語れば、

「いや、津波に流されて長井へ来たからこそ、今日こういうめでたいお酒を呑めるんじゃないですか」と若い蔵人は陽気に反応する。

「ウム、まあ一杯行こうか」と市夫が蔵人の冨樫光生や東洋酒造時代からの従業員、小関隆、佐竹みきよ、古関孝一の間を回って酒をついでいく。

「目上の人が酒をすすめに来たら、その二倍呑むのが礼儀というものだよ」と大介が笑うと、

「俺は三分間酒を呑まないと酔いが醒めてしまうから、早く返杯を」と蔵元も愉快そうに盃を催促する。

甑倒しの宴は、蔵人にとっては自由に意見を交わせるブレーンストーミングの場でもあ

る。

大介は「関西で勝てる酒を造らないと駄目なんだ。香りの派手な酒は料理を食べながら呑むことはできない。早くウチのスタイルを確立させなければ全国に通用する酒にはならない」と珍しく熱っぽい調子でホンネを語る。

若手蔵人の酒造りの悩みに耳を傾けていた荘司は「悩まない人間はモノを考えてないということだ。酒を造るとは、いつもモノを考え続ける作業が大事だということを知ってほしい」と親身になって答えていた。

そのかたわらで、にぎやかに遊ぶ大介と荘司の三人の子どもたち。

荘司の一歳になる長男駿太郎を抱っこしていた市夫の妻スミヱは「みどりちゃんは小学校も四年生になってよく食べるから、来年は大人のコース料理をたのもうかね」と言って、孫の成長ぶりに目を細めている。

海辺から山里へと新しい世界へ移って酒造りを始めて四年余り。長井の夜が更けていく中、鈴木酒造店の面々も明日への英気をゆっくりと養っていくのだった。

第四章
土を耕し、酒を醸す

田植え後の直来は大いに盛り上がる。長井市の中央会館で

兄と弟が激突

鈴木酒造店の一家が東日本大震災による津波に遭い、福島県浪江町から山形県長井市へ移り、三年近くがたつ二〇一四（平成二十六）年八月十四日、お盆のことだった。

長井は内陸の田園地帯にあるため、夏になると気温は四十度近くまで上昇することもあり、蟬時雨がにぎやかに降りしきる。

鈴木市夫蔵元の家へ、長男大介一家と二男荘司一家、それに東京から里帰りした娘の小関淳子と夫の繁らがゆっくり食事を楽しんでいた時の出来事だった。

皆、酒がだいぶ入っていた。


「兄貴、イベントはもう最後にしろよ」

「何言ってんだ」

「浪江の時のように、外から来てもらえばいいだろう」

「お前、地元（長井）に酒を売れる市場がどれくらいあるか、分かってんのか」

「生活のため、福島を捨てて山形へ来たんじゃないか」

「俺はそれだけじゃない。先も見ているんだ」

「何だと、それじゃ一緒にここへついてきた俺の思いはどうなるんだ」

普段は温厚な弟が怒りをこめて、兄にかみついた瞬間だった。

「やめろ。原発の事故があったから、こうなったんだ。何のために皆でここまで努力してきたんだ。家族でいがみあったら、むなしいよ」

父親の市夫がなだめようとしたが、簡単に収まる雰囲気ではなかった。

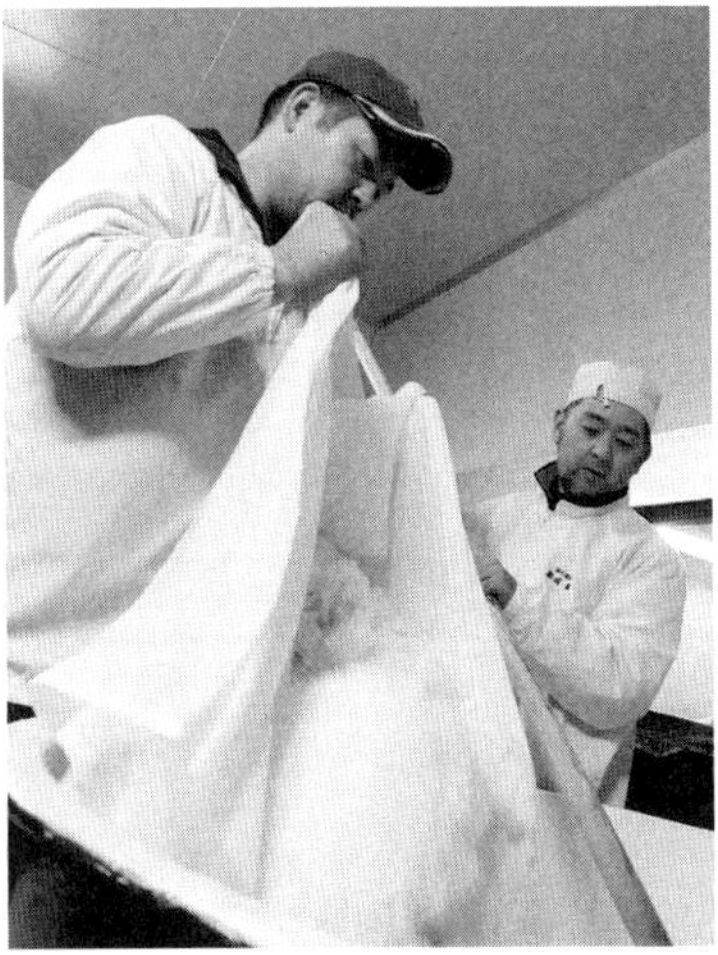
大吟醸を仕込む大介（右）と荘司。2019年1月

鈴木酒造店の一家がショックを受けるようになるのは、後にこの時の様子がテレビのドキュメンタリー番組で取り上げられ、全国に放映されたからだった。

どこの家庭にでもあるような、ささいな内輪もめの話なのだが、鈴木一家は東日本大震災を生き延びた奇跡の酒蔵として、各メディアから注目を集めていた。

地元の山形放送は、鈴木酒造に焦点を

当てて、「〃復興〃祝い酒　兄弟が醸した希望」というタイトルで、長期間密着取材を続けてきた。

二〇一五（平成二十七）年三月一日に、東日本大震災で工事が中断していた浪江町と富岡町を結ぶ常磐自動車道が全線開通の日を迎えたのを記念して造られた酒は「希《ねがい》」「望《のぞみ》」と名付けられた。

震災後に浪江で初めて収穫されたコメを使って大介と荘司の兄弟が醸した酒で、その命の水に二人はどんな思いを込めたのか。

故郷の浪江に戻って何としてでも酒蔵の復興を目指す兄と、第二の故郷、山形・長井に定着して自立に努めようと考える弟。

二人に焦点を当てた三十分番組がＮＮＮ（日本テレビ系）を通じて、この年四月五日の深夜に全国へ放映されたのだった。

「すばらしいドキュメンタリーに感動した」

「真の復興とは何か、兄と弟の対立を見て深く考えさせられた」

などの感想が番組を見た視聴者から寄せられたが、

「あの番組、うちの一家では評判が悪いですよ」

と鈴木大介はこの話題に触れられると、苦笑いすることにしていた。理不尽な原発事故で故郷を追われた鈴木酒造店の一家。大介が震災後に取った行動は、

「小売の市場から『磐城壽』の名前が忘れられないためにも、一刻も早く酒造りを再開しなければならない」

と考え、東洋酒造の蔵を買いとって長井市へ移り住んだことだった。

これに対し、荘司は、

「故郷の福島が大変な目に遭ったときに、県外へ出るとはとんでもない。福島にとどまっての酒造りを考えるべきだ」

と反対したが、父市夫に説得され、一家で新天地へ移ることに。

「それならいつまでも被災者の気持ちで甘えているわけにはいかない」として、荘司は二〇一四（平成二十六）年一月に酒蔵の近くに新居を構えた。

そして翌月、妻康子との間に二番目の子ども、駿太郎が産声を上げたのだった。

当時のやり取りについて、荘司は、

「酒造りでリーダーシップがいくら必要とはいえ、良い面と悪い面がある」

として、次のように続ける。

「兄は蔵が忙しい時期でも酒の会のイベントなどで長井を離れることがあった。いついつまでにこれだけの酒を出荷するように、なんて指示を一方的に出してくる。蔵の皆はヘトヘトだ。もうイベントは卒業して、酒造りをじっくりやらなければ後悔することになるぞ、と伝えたかった」

と振り返る。

これに対し、酒蔵全体の将来も考えなければならない立場の大介は、

「何を言ってるんだ。被災後、酒販店をはじめあれだけ多くの人に支えられてきたから自分たちの蔵の今がある。お客さんをしっかりつなぎとめて信頼関係を築かなければ、こんな小さな蔵に未来があるわけないだろう」

と反論した。

二人が思いをぶつけあってから二か月ほどの間、荘司は酒蔵から姿を消した。

この時期に、山形県から遠く離れた京都府福知山市は集中豪雨に見舞われ、荘司が東京農大卒業後に修業で世話になった丹波小鼓の西山酒造場が濁流に浸かる水害に遭っていたからだ。

その掃除の手伝いに駆けつけた経緯については以前に触れた通りである。

「二か月も無断で蔵からいなくなれば普通ならクビだ」と大介が腹にすえかねても、荘司は「オレがいなくなればこの蔵は立ちいかなくなるではないか」と意に介する様子もなかった。

鈴木兄弟の溝は埋まるのか――。周囲は神経を使ったが、東北の町・長井でも十月に入ると、毎年いつも通りの酒造りが始まった。

この時には二人はともに気分を一新させて、蔵の作業に黙々と打ち込んでいた。

大介はお盆のときの出来事を振り返って、

「荘司は本当にまじめな男だと思っている。ただ、外の世界の厳しさも知ってほしかった。兄弟だからか、酒造りの感性も似ているので、麴づくりや大事な仕事は安心してすべて任せている」と語る。

一方の荘司も、

「かつて浪江で酒を造っていたころは、兄貴と父親がぶつかり、『おれはこんな蔵やめてやる』と言って、飛び出そうとする兄を説得するのが自分の役目だった。

それが今では兄と自分のつなぎ役を父が果たしているというのも、家族って面白いものですね」

といつもの穏やかな表情に戻っている。

浪江に伝わる処世訓

そうした鈴木大介、荘司兄弟が最上川沿いの田んぼで田植えや稲刈りをする時に差し入れをしてきたのが、福島県のスーパー「マツバヤ」で課長を務めていた猪狩泰志だ。「一生幸福」「甦る」という旧東洋酒造時代の酒を引き継ぐことによって、長井市民にも自然に受け入れられた鈴木酒造店の一家だが、一時も忘れられないのはもちろん故郷・浪江のことである。

マツバヤは浪江に本社があったスーパーで、震災の後は隣接する福島県田村市に移り、事業を継続してきた。

そんなスーパーで要のポストにいた猪狩は一九六〇（昭和三十五）年、地元生まれ。浪江町内にあった酒蔵が長井市の後継者のいない蔵を買いとって酒造りを再開したことを知り、この酒がネットショップの目玉商品にならないかと考えていた。

震災から一年と少しがたった二〇一二（平成二十四）年四月、猪狩泰志は長井に鈴木大介を訪ね、「ふるさと復興のため、一緒に酒を造りませんか」と持ち掛けた。

大介に異論のあるはずもなく、「やりましょう」と二人は力を合わせていくことになっ

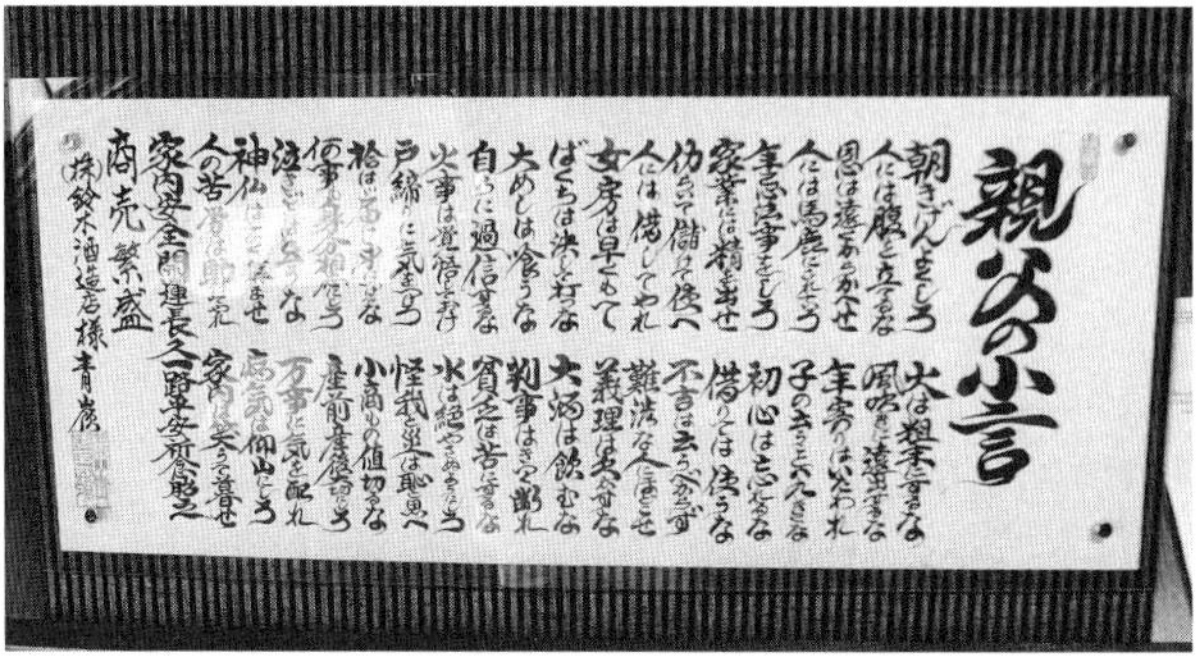

親父の小言

た。

　両者を結び付けたのは、江戸時代から浪江に伝わる処世訓の「親父の小言」だった。

「朝きげんよくしろ」から始まり、「働らいて儲けて使へ」「女房は早くもて」など三十八項目からなる人生訓は、浪江町にある古刹《こさつ》大聖寺の住職が昭和初期に浜通り地方で広めたものだった。

　これをマツバヤの社員が昭和三十年代に独特な書体の髭文字《ひげもじ》にしたためて、額に入れて販売していた。

　大介は猪狩が持ち込んだ小言の資料に目を通すうち、「家内は笑うて暮せ」の言葉に、三世代同居なのに震災後家族がバラバラになってしまった友人知人一家のことを思った。

「これを自分たちで広めなくてどうする」と考えた大介は、弟の荘司とこの年の秋から本格的な仕込みを始め、やや辛口の酒を完成させた。

純米酒、本醸造酒、大吟醸酒の三種類で、「親父の小言」とラベルを張った酒は注目を集め、猪狩は販路開拓に飛び回り、二万本を売り切った。

浪江復興の力とするために、と猪狩泰志と鈴木大介が次に考えたのがオリジナルの味噌ラーメンだ。

震災後に催されたB1グランプリで一位を獲得した浪江焼そばの製造元である「旭屋」の麺に、親父の小言の酒粕を練り込んだスープを付け、クリーミーでコクのある味が話題になった。

「自分たちの酒を飲んだ後の〆のラーメンとして食べてもらえればうれしい」と大介は語っていたが、二人は全国各地に避難している浪江出身者に故郷への愛着を忘れないでほしいと、メッセージを送り続けていく。

そうした大介について猪狩は「あれだけメディアで取り上げたら人間は舞い上がってもおかしくないが、彼にはそういったところがない。実に冷静な男です」と評する。

猪狩はワイン発祥の地、グルジア（二〇一五年からは、国名・ジョージア）からワインを輸入し、復興に活用することも考え、二〇一八年にマツバヤから旭屋の営業担当に移籍した。

スーパーは仕入れた品物を売る形態だが、旭屋では小売りが可能なので、清酒「親父の小言」の販売も同時に行うことにした。

「復興への志を持つことは大事だが、品物をしっかりと売り続けなければ看板倒れになる」と猪狩は息の長い復興戦略を考えている。

世の中に逆行してでも

山形県長井市の蔵で「磐城壽」と「一生幸福」の定番酒を造り続ける鈴木大介と荘司の兄弟にとって、一刻も早く手掛けたいと心に温めていたのが、純米酒「土耕ん醸」だった。大介が一九九九（平成十一）年六月に、奈良県の梅乃宿酒造で四年間の修業を終え、福島県浪江町の実家の酒蔵へ戻った時からの念願で、「自分の蔵らしい、個性的な酒を造りたい」と考えに考えて誕生させたのが、この山廃造りの純米原酒である。

地元の契約農家、冨永敬記一家が完熟堆肥を使って栽培した五百万石を使って仕込んだ酒で、いろいろな味が強く、濃く、荒々しく出ていた。土のフレーバーを感じさせる味わいが評判だった。

水を一滴も使わずに作る濃厚なアンコウのどぶ汁などとの相性が抜群によかったという。五百万石で「土耕ん醸」を醸してから数年後、冨永は福島県内では栽培されなくなっていた食用米の農林二十一号の作付けを復活させた。このコメで造った「土耕ん醸」は味がさらに良く、荘司にとってお気に入りの酒だったという。

「『土耕ん醸』は『呑むのには根性が要る』と知り合いにからかわれました」と大介が笑うが、名前の由来について次のように説明する。

「コメを作る人、酒を仕込む人が互いに手を取り合い、汗をかき知恵をかけ造った酒で、日本人の精神性の高いところにたどり着きたい、と考えた。

きれいな酒を醸す世の中の流れに逆行しても、根性を入れた酒を造る。『土を耕す』と『酒を醸す』の間に『人』に似た文字の『ん』を入れることによって、呑む人の心を動かす酒にしたい」

トロリとして、甘みがあってスキッとした酸がたつ酒なので、海の魚はもちろん、肉豆腐や牛筋の煮込み、ギョウザなどと合わせてもいける、飲みごたえのある酒なのだ。

全国新酒鑑評会で金賞を目指す酒には、香りもたち、端麗なタイプが多いが、この酒はそれとは対照的な田舎臭い酒というところが面白いと評価する酒販店もあった。

大介が「土耕ん醸」を造るようになったのは、奈良の梅乃宿酒造で名杜氏の誉も高い高橋幹夫から山廃づくりを教えられた影響が大きい。

浪江の仕込み水は塩分を含んでいるので、その条件に合った酒を醸すため、漁師に沖のきれいな海水をくみ上げて奈良まで送ってもらったこともあったという。

「海の水を山廃造りに使うと酵母のわき方も全然違う。梅乃宿は山廃仕込みの純米酒造りで伝統のある蔵で、この技術を教えていただいたことは日本の宝を知ったと言ってもいいくらい貴重な経験だった」

大介が浪江に戻って醸した土耕ん醸を西山酒造場で修業中の荘司の元へ送ったところ、杜氏の青木卓夫が「面白い酒だ」とほめたというエピソードを以前紹介したが、この酒の性格を物語っているといえよう。

「土耕ん醸」を売り出そうとした年の二〇〇〇（平成十二）年十一月、大介の祖父新一が八十九歳で亡くなった際の葬儀で、会葬者に浴びるほど呑んでもらったという。

福島県産の酒米を使いたい

「そんな自分たちの酒を造るために、コメを栽培してくれた冨永さんの一家が津波に呑み込まれ、六人全員が帰らぬ人となった。とても残念です」と鈴木大介は東日本大震災が残した爪痕についてこう振り返る。

鈴木酒造店にとって、あの震災からの真の復興を語れるのは自分たちの自慢の酒「土耕ん醸」を再び造り、待ち望む人たちへ出荷できるようになってからのことだ。

それがようやく実現するのは二〇一六（平成二十八）年の一月、震災から五年近くたってのことだった。

山形県長井市に移った鈴木酒造一家は、地元で取れる「出羽燦々《でわさんさん》」や「さわのはな」などのコメを使って「一生幸福」や「甦る」を造っていたが、「磐城壽」や「土耕ん醸」については故郷・福島県産の酒米を使いたいという気持ちが強かった。

鈴木大介がそんなことを考えていた時、知人の前田洋志の紹介で、福島市の郊外にある松川町の水原地区で農業を営む丹野友幸と知り合った。

前田は自らも酒蔵へ入り、純米酒造りをするほどの本格的な日本酒ファンで、震災前から浪江の鈴木酒造の蔵へも顔を見せていて大介とは気心も知れていた。

丹野は一九七五（昭和五十）年、福島の地元生まれ。東京電力の福島第一原発から約六十キロ離れた場所でコメのほか有機栽培した野菜を首都圏のスーパーに卸していたが、原発事故の影響でそれができなくなり、「なぜ自分たちがこんな目に」と頭を抱えていた。

福島県の酒造組合は震災後、原料に使う県産の酒米について国の基準値（一キロ当たり百ベクレル）より厳しい「一キロ当たり十ベクレル」という自主基準を設けてチェックしていたが、風評が弱まることはなかった。

そんな時、「君のコメを使いたいのだけれど」と大介から声を掛けられた丹野は「あれだけ過酷な体験をしながら、悲愴感がないし、悲劇のヒーローという感じもない。この人は頼りになる存在だという印象を持ち、酒米の栽培を引き受けることにした」という。

大介は丹野に福島県が独自に開発した夢の香や五百万石、山田錦を育ててもらっているが、土耕ん醸はこのうち五百万石を百パーセント使って造ったアルコール度数十八度の濃い酒。発酵力の強い浪江時代の蔵付き酵母を山廃の添加酵母として使用したが、発酵のためである酒母の育成に九十日近くもかけたというこだわりぶりだった。

大介はこのとき、「土耕ん醸」のナマの瓶詰めを一升瓶で二千本、火入れを一千本造ったが、このうちナマはすべて予約制で、火入れの分もたちまち売り切れた。

全国の顧客重視の立場を貫いたため、「土耕ん醸」は鈴木酒造の蔵人の間にも一人ひとりがゆっくり味わうほどの量は回ってこなかったが、一口試飲した冨樫光生は「とても味わい深い酒でした。冷やで呑むより、燗をした方が香りも立ち、味もさらに広がると思った」という。

「浪江時代のパワーのある水と比べると、長井の水は上品なので、でき上がった『土耕ん醸』も若干スマートな感じ。コメの味が力強く出た旨口の酒なので、お燗、常温でもいいが、オンザロックやソーダ割りもおススメです。お湯割りもいい。この酒を世に出したころは焼酎ブームだったので、三分の一くらいお湯を足す飲み方も結構受けたものです」

鈴木大介はこう語るが、地元長井の酒販店「まるはち酒店」で土耕ん醸を扱う大内誠は「熟成酒ならではの穀物を感じる香りがすばらしく、土器のようなざらつきのある質感が満足感を与えてくれる。コメの味わいがしっかりしているので、白米と合う料理なら何でもOK。割烹よりモツ焼き屋や町中華、家庭の食卓によく合う酒と思いました」と感想を話している。

鈴木酒造店が長井で念願の「土耕ん醸」の出荷にこぎつけたこの年二〇一六（平成二十八）年は、酒蔵の出荷量が震災前の浪江時代の水準に戻った記念すべき年でもあった。

神亀酒造・小川原が激励

鈴木大介、荘司兄弟の造る「磐城壽」という個性的な酒に温かい視線を送ってきた蔵元がいた。

埼玉県蓮田市の武蔵野台地の一角で「神亀」という純米酒を醸してきた神亀酒造の小川《おがわ》原良征《はらよしまさ》である。

「日本酒は真っ当な純米酒を造らなければ、いずれ白ワインに負ける。それも燗にして呑む純米酒が一番うまい」という信念を持って、理想の酒を造り続けてきた。

日本の酒税法では、蔵出し税といって税務署は酒が酒蔵から出荷される段階で酒税を初めて取り立てることができる。

欧米のワイン法のように酒の品質を問う酒造法がない日本では、酒の中身にまで関心を持つ税務署の役人は少なく、酒税徴収の根拠となる酒税法のことしか頭にないのが悲しい現状だった。

そうした中で、時間をかけて熟成させ旨みの増した純米酒を造っていた神亀酒造は税務署から「アルコール添加酒でいいから酒をたくさん造って、早く出荷せよ」と長年あらゆる嫌がらせを受けてきた。

それでも小川原はそうした国の圧力に屈せず、一九八七（昭和六十二）年に蔵で醸す酒をすべて純米酒に切り替えた。全国で初めての試みで、小川原に続く蔵も各地で増え、純米酒革命といった流れができていった。

「醸造用アルコールを添加した本醸造酒はニセモノ」などと小川原は時に歯に衣を着せぬ発言をするため、純米酒原理主義者と揶揄されることもあったが、造り手の若者の間では「カメセンム」と尊敬と信頼を集めていた。

そんな小川原と鈴木兄弟の出会いは、荘司が西山酒造場で修業を終え浪江へ戻ってきた二〇〇二（平成十四）年に大介と二人で蓮田にある神亀酒造を訪ねた時のことだった。

元々、父親の鈴木市夫は東京農大の塚原寅次研究室で小川原の先輩でもあって、「健康にいい」という理由から小川原より早い時期から純米酒造りに取り組んでいた。しかし浪江の漁師町では本醸造酒に比べ人気がなく、さっぱり売れなかったという。

一方、神奈川県横須賀市鷹取で、個性的な日本酒と泡盛の販売を担う掛田商店といえば、全国の蔵元からも「酒を知り尽くした神様」と一目置かれる存在である。

神亀酒造の小川原良征が税務署にたたかれていたころに蓮田へ通い、励まし続けたのは掛田商店の二代目、一九四〇（昭和十五）年生まれの掛田勝朗だ。

長女の薫と純米酒を味わう会である「粋楽会《すいらくかい》」を毎年秋に営んでいる。この集まりでは四十くらいの蔵元が自慢の純米吟醸酒を横須賀のホテルへ持ち寄るが、鈴木酒造店からもレギュラー酒の磐城壽のほか、鈴木大介自慢の「土耕ん醸」をコーナーの片隅に置いた。

「どの蔵もきれいな酒を並べているとき、うちだけが田舎臭いと呼ばれる酒を出して不評だった。田舎臭さは地方を馬鹿にする意味で使われることがあるが、自分としてはその土地の様子が目に浮かぶ酒という意味に理解しているのです。

そんな場へ神亀のセンムが現れ、土耕ん醸を一口飲んで『この酒はあと一、二年熟成させてみろ。もっとうまくなるぞ』と言って励ましてくれた」と大介は振り返る。

日本酒蔵の数が年々減り、意欲的な蔵元を探していた小川原は自ら主宰する「全量純米蔵を目指す会」へ入会を勧めたが、大介は「うちには本醸造や普通酒ファンが多いから無理です」と断って、次のように話したという。

「醸造アルコールを添加した普通酒を馬鹿にされると、その酒を愛飲する地域の人々の生活まで否定されたような気がする。それぞれの食文化を尊重することが大事ではないか。浪江は漁師町とはいえ、海が荒れると酒の肴は味の濃い塩蔵品になるので、さらっとした酒では負けてしまう。そこで、うちの本醸造は味が薄くならないように麹の比率を五パーセント上げて造っているので、まずいと言われないだけの自信はあります」

大介の説明を聞いた小川原は「そうか、お前の言うことにも一理あるな。頑張れよ」とうなずいたという。

東日本大震災後に、大介が山形県長井市で酒造りを再開した後、ある酒の会で小川原と再会した時、「無事でよかった。本当によかった。生きていてくれてうれしいよ」と言って、両方のほっぺたをこぶしでグリグリして励ましたという。

その純米酒の神様も二〇一七（平成二十九）年の四月、七十歳で天上の人となっていった。

コンピュータが酒を造る時代を振り返り「機械は導入した時から壊れるが、人は蔵に入った時から育つ」などの名言を残して旅立った小川原良征。さいたま市で営まれた葬儀の

追想
メモリアル

純米酒造りに生涯をかけた

小川原《おがわはら》　良征《よしまさ》さん

品質重視 業界に革命

武蔵野の面影が残る埼玉県蓮田市の酒蔵を初めて訪ねたのは27年前の冬。ウナギのかば焼きをさかなに、大吟醸を一升瓶ごとやかんで温めて飲んだ酒のうまさに驚いた。

酒の品質にこだわり、税務署の圧力を跳ね返し、1987年に全量を純米酒に切り替え、業界に大きな影響を与えた。私はその生き方にひかれ、「闘う純米酒」（平凡社）という本を書いた。

シャイな人で蔵に70日ほど通ったが、メモをとれたのは3日分くらい。立ち話の取材が多く、「生き恥をさらしたくない。本を出したら名誉毀損で訴える」とすごまれた。それでも「後に続く若手の励みになるから」と押し切らせてもらった。

純米酒に目覚めたのは東京農大で恩師がつぶやいた「添加物を入れた日本酒を造っていたら、白ワインに負ける」という一言だった。神亀は戦時中、酒の製造免許を取り上げられそうになったが、祖母くらさんが一人で抵抗し、守り切った。

「ばあちゃんはよき理解者で、受験の夜食にかん酒をつけてくれた。全量純米が実現した時も一番喜んでくれた」と話す表情は少年のようだったことを覚えている。

コンピューターが酒を造る今の時代、神亀では蔵人が合宿して作業に励む。「機械は導入した時から壊れるが、人は蔵に入った時から育つ」が信念。東日本大震災で壊滅した酒蔵復興を手伝うなど人情に厚い半面、人の話を聞かない頑固さも。

3年前、水っぽい神亀が都内で出回った。加水の割合を間違えたとみられ、私が瓶ごと送り返したところ、「問題ない」という返事で、この時以来「俺の前に姿を見せるな」と言われている。

告別式の日は遠く離れた宮崎の立ち飲み屋で、神亀を一人心行くまで味わい、故人をしのんだ。（共同通信記者　上野敏彦）

「温かい酒を飲むと、舌が味を鋭敏に感じるようになり、料理もうまくなる」と言って、かんをつける小川原さん＝2013年、宮崎市での大吟醸を楽しむ会（地域活性化プロジェクト提供）

4月23日、70歳で死去

神亀センムが死去した時、筆者が書いた追想のコラム

場には多くの蔵元、酒販店関係者らが長い行列を作って、永遠の別れを惜しんだ。

酒蔵での出会いと別れ

神亀と磐城壽のつながりで面白いのは、二〇一五（平成二十七）年から山形・長井の蔵で働き始めた長嶋貴彦の例だろう。

「神亀の味わい深さにほれ込み、蔵で働かせてくださいとセンムに情熱的な手紙を書いて採用された」

こう語る長嶋は一九七八（昭和五十三）年生まれ。熊本の清涼飲料水メーカーで働いていたが、二〇〇五（平成十七）年秋から九年間、神亀の蔵へ住

み込みで入り、小川原良征の下で純米酒造りの基本を学んだ。

その後、事情があって神亀酒造を退職して盛岡で生活していた二〇一四（平成二十六）年の夏、鈴木大介から電話をもらった。

「長嶋君、どうしてるの？」

「モヤモヤしています」

「ならウチへ来て酒を造らないか」

長嶋はそれ以前から大介とは付き合いがあり、「磐城壽は海辺から山の中へ移っても根を張り続ける。カッコいいですよね。そうした大介さんの男っぷりの良さにほれこんでいた」と打ち明ける。

それだけに、生まれ故郷の天童に近い長井で再び蔵の仕事を始めることになって、感激もひとしおだった。

「蔵の中では大介さん、荘司さんの奥さんまでが種切りをやっているのには驚かされた。分業体制が取られていた神亀酒造と違って、磐城壽は生業《なりわい》の蔵として全員参加の酒造りに取り組む姿に新鮮な印象を受けた」

長嶋は神亀時代にチームワークを体で身に着けてきただけに、鈴木酒造の蔵で経験の浅い蔵人のミスを見つけても、見て見ぬふりをしてさっさと処理する。

酒蔵のリーダーである荘司の信頼も厚く、一番要の麹の管理は長嶋と一週間交代でするようになったほどだ。

酒造りの大きな区切りを意味する甑《こしき》倒しの宴席には大介、荘司一家の子どもたちも参加するアットホームな雰囲気も気に入っていた。

ベテラン蔵人、長嶋貴彦の参加で、鈴木酒造は大きく飛躍するのではと蔵の誰もが考えていたが、その期待は長くは続かなかった。

長嶋は「磐城壽」でひと造りを終えた二〇一六（平成二十八）年の夏に天童市へ帰っていった。

母親の介護をするためで、季節労働を軸に回転する日本の酒蔵では、こうした出会いと別れはつきものなのである。

「太陽と水と大地によって生かされている」

JR東北本線の南福島駅から歩いて五分ほどのところに「燗酒ノ城」という居酒屋がある。

前にも触れた大介の知人で、熱心な純米酒ファンである前田洋志が二〇一六（平成二十八）年の九月に開いた純米の燗酒が専門に呑める店だ。

駅の近くにある福島大学や福島医大の学生たち若い世代にホンモノの日本酒を味わってほしいという願いから、「磐城壽」はもちろん『神亀』、「るみ子の酒」、「酉与右衛門」などの純米酒をそろえ、燗酒に合う豚の黒酢角煮や煮アナゴ、モッツァレラとアボカドのナンプラー和えなど手づくりの肴を出して評判になっている。

「燗酒で勝負するためにはお客さんとの対話が何より大事で、この店で温めた酒を好きになった学生が他県で燗酒の魅力を広めてくれれば何よりうれしい」と前田は語る。

燗酒専門の居酒屋と言えば、大阪市内で中村美穂が開く「燗《かん》の美穂《みほ》」がよく知られる。関西で著名な酒販店「やまなか」で修業した中村が「燗酒を好きなだけ呑める店をつくりたい」として二〇一〇（平成二十二）年に開業した。

活ハモや河内産カモを使った板前顔負けの料理を店主自ら作り、数十種類ある純米酒の中から客の希望する酒を好みの温度で提供してくれる。

こうした温めた酒を出す店が全国に広がるのは、神亀の小川原良征の影響が大きいとみられ、前田が「燗酒ノ城」を開いた理由にしても同様だった。

小川原は燗酒の魅力について拙著『闘う純米酒　神亀ひこ孫物語』（平凡社）の中で、次のように語っていた。

「温めた酒を飲むと、舌の味蕾が開いてきて、味を鋭敏に感じるようになる。それに日本酒の旨み成分の中には乳酸やコハク酸のように温度が上がることによって花開くものもある。しっかりした造りで熟成させた純米酒なら、燗につければ豊かな香りやコクが立ち、料理の味や油に負けない、食中酒になるのです。

それに比べ、アル添酒は醪が完全に発酵してない時期にアルコールを加えるので、酒のバランスが良くない場合もあって、燗をすると酒の味が崩れやすい」

一九六八（昭和四十三）年に徳島市で生まれた前田は、小学校三年のころから祖母の仕込むドブロクを呑むのが好きで、東京農工大に進学してからは、周囲ではサワーを好む若者が多かったが、前田は頑固に日本酒一筋で通した。

大学卒業後は印刷会社でサラリーマンをした後、東京農大の近くに住み聴講生になるかたわら、こだわりの居酒屋「赤鬼」でアルバイトをして日本酒の世界の深みにはまっていった。

前田は大の神亀ファンで、小川原良征が「真穂人《まほと》」という酒を醸すため、成田空港近くの反対派農家石井恒次のところで毎年五月に酒米の五百万石を田植えするときには家族連れで手伝いに駆けつけた。

「黄桜」を造る東山酒造の東京・お台場工場で、名杜氏の道高良造に教えを受けたこともある。福島出身の妻由理子の父親が大病をしたのを契機に福島へ移り、居酒屋の店長をしながら、各地の酒蔵の季節蔵人を務めた。

あこがれの神亀酒造へも雇ってほしいと小川原のところへ三度出かけたが、いずれのときにも蔵人に空きがなく実現せず、鳥取の「冨玲《ふれい》」の梅津酒造や三重の「るみ子の酒」の森喜酒造などで腕を磨いた。

そのかたわら、二〇〇四（平成十六）年十一月に日本酒を毎月呑む「もっきり会」を福島市でスタートさせ、日本酒ファンを掘り起こしてきた。

その一方で、前田は浪江町の鈴木酒造店にも何度か足を運び、大介とも親しくなっていく。

「蔵には五、六回通い、秋には請戸川にサケが上がる時期、子どもを連れてゆき、魚をつかみ取りさせてもらい、親子にとってもいい思い出をつくりました」

こう振り返る前田は、六号酵母と福島のコメ・夢の香を使った純米酒を大介に醸してもらった。しかし、その酒ができ上がったのは二〇一一年の三月初めのことだ。前田は大介から「いい酒ができましたよ」と連絡をもらい、「十三日に蔵へ酒を受け取りに行きます」と約束したが、その二日前に震災が起きてすべてが流されてしまった」と振り返る。

震災後に鈴木酒造が山形へ移ってから前田は大介に「磐城壽　空水土《そらみずつち》」というオリジナ

ルの純米酒を醸してもらったが、この時の酒米は風評被害で苦しむ福島市松川町の栽培農家丹野友幸に育ててもらった山田錦だった。

その種もみは前田の酒造りの情熱と福島復興への思いに共感した大阪・能勢の秋鹿酒造から譲り受けたものだった。

「空水土」というネーミングにもこだわりがあった。

前田の父親博之は教員をしていて一九九八（平成十）年に六十二歳で亡くなったが、徳島の谷あいにある清流の畔で生まれたため、素潜りでアユを取っては料亭に卸すほど自然に溶け込んだ生活をしていた。

「俺も父親のように自然と一つになりたいと思い、この酒のラベルに本人がかつて書いた文字を使い、記念の酒を造りました。『人間は太陽と水と大地によって生かされている』というオヤジの言葉に福島復興への願いを託したつもりです」と話す。

前田は南福島で「イタリアンと日本酒の会」も主宰していて、空水土をこうした場でメンバーに呑んでもらったりしていた。

各地の日本酒を長年飲んできて「空飛ぶ利き酒師」の異名を持つ鵜飼仁美は空水土を実際イタリア料理と合わせた時の感想を次のように語っている。

「コクがありながらすっきりした酒で、熱燗にしても崩れない。トマトやオリーブオイルとの相性もよく、酒の持つ酸がオイルの脂をスパッと切るところが素晴らしいと思った」

「十九歳の酒プロジェクト」

鈴木大介は前田洋志を間に入れ、福島市でコメを作る栽培農家の丹野友幸とも深く付き合うようになっていく。

丹野は地元生まれでローカル紙の記者や移動式パン店、NTT関係の仕事をやった後、二十六歳で故郷へ帰り、父親の幸雄と一緒に農業をすることになった。

篤農家の幸雄は酒米のオリジナル品種を育成したり、食米、牛のエサ米なども育ててきて、地元での信頼も厚かった。

「親父が酒蔵の人と楽しそうに付き合っているのを見て、自分も農産加工品の原料を作る世界はいいなと思った」と語る丹野は、鈴木酒造の夢の香や五百万石、山田錦を育てているが、その時の注意点を次のように語る。

「酒米は食米と違って、いい酒を造るためには低脂質で低タンパク質のコメが向いているので、育ちすぎないように肥料を与える量にも絶えず気を配る必要がある。

それだけに酒米は収量も食米より二割程度少なくなる。背丈も酒米は食米より高くなるので、倒れやすく、台風が来た時などは神経を使わなければならない」

丹野は自分の水田のほか、耕し手のいなくなった田畑を借りて米や野菜を作るほか、麹や味噌も作るなど何事にも意欲的で、二〇一六（平成二十八）年には「未来農業」という株式会社を設立した。

担い手を育てて、農業を未来につなげたいという願いをこめたネーミングで、翌年には福島県北部の酒米農家や酒造家、大学関係者に呼び掛けて、「福島地域酒米研究会」を発足させた。

福島の日本酒は二〇一九年までに全国新酒鑑評会で七年連続金賞に輝き、その受賞数一位を誇るが、「その割に県産の酒米を使った日本酒が少なく、地産地消の日本酒造りによる地域振興を目指すための交流の場を作りたい」と考えたからだという。

丹野は「十九歳の酒プロジェクト」という試みも始めた。

これは県内の十九歳の若者に酒米の田植えから収穫、酒の醸造までを体験してもらい、二十歳になった翌年の四月にその酒を呑み、国酒の世界の深淵を覗いてほしいという思いがあるからだ。

そうした丹野友幸が丹精を込めて育てた酒米の夢の香を使って呑み飽きのしない酒を造るのが、福島市で唯一の造り酒屋「金水晶酒造店」四代目社長の斎藤美幸だ。

東京でテレビ局の記者をしていたが、震災後実家の蔵を継ぐために二〇一五（平成二十七）年、福島へUターン。地酒の良さを伝える親善大使を自ら任じ、「夏の暑い時はきゅうりに味噌をつけて呑む日本酒が最高ですよ」と福島酒の復興PRにも飛び回っている。

そんな福島県が二〇一九（令和元）年十月の台風十九号で、阿武隈川が氾濫するなどして多くの酒蔵が床上浸水する甚大な被害を出した。県内の大半の酒蔵に精米を供給していた郡山市の工場が水没して精米機も用意していた米もすべて泥をかぶり、新酒の仕込みシーズンを前に県の酒造組合はその対応に追われた。

そうした中でフェイスブックやツイッターなどのSNSを通じて「フクシマの酒を呑んで応援しよう」という呼び掛けが全国に拡散した。これに応えるように県内の酒蔵同士も助け合って、「こんなことがあった時だからこそいい酒に仕上げたい」と危機を乗り越えようとする動きも出ている。

高校の同窓仲間

フーテンの寅さんこと渥美清が主演する映画『男はつらいよ』の舞台となった東京都葛飾区の柴又は、帝釈天《たいしゃくてん》がある下町で、矢切の渡しでも知られる。その近く京成金町駅わきの金町栄通りに「かもし処ひょん」という一軒の小さな居酒屋がある。

鈴木大介と福島県立双葉高校時代の同級生である横田郁夫と鈴木貴子の夫婦が二〇〇五

（平成十七）年に開店したカウンターのみ九席という癒しの空間だ。

横田夫婦は大介、荘司兄弟と同郷のよしみであることに加え、日本酒を扱うという共通項もあった。東日本大震災が起きる前から親しく付き合っていて、浪江の酒蔵にも何度も遊びに出かけていた。

「木造の古い蔵のすぐ隣が海という気持ちのいいロケーションでした。特別注文して作った自慢の精米機でコメを磨き、いい酒を造っていたが、津波ですべてを持っていかれてしまった。それから半年足らずのうちに山形へ移り、酒造りを再開したというのは大変なことです」と夫婦は振り返る。

横田は震災発生時、店での仕込みを終えて自転車で五分の自宅に戻ったところを激しい揺れに襲われた。

「それでも店内で倒れた酒ビンは一本もなく、被害はなかったが、テレビを見たら福島の沿岸部には津波が押し寄せ家がたくさん流されている。大介クンは大丈夫かと一週間電話をかけ続けて、ようやく無事が確認できた」

こう語る横田は震災後店へ来ていた郷里の先輩である小室修一と相談し、鈴木酒造店と被災地への救援カンパを呼び掛けることにした。

小室はいわき市の出身で、東京・湯島で居酒屋「大爪」を営んでいたが、塩味のおでんが名物で、磐城壽を始め東北の酒をいろいろとそろえていた。

震災発生時はJR御徒町前のデパート吉池屋へおでんの材料を買い出しに来ていて四階にいる時にビルの激しい揺れに巻き込まれた。

「カシャカシャという音がすると、吊るしの蛍光ランプが揺れ出し、店員は悲鳴を上げてパニック状態だった。そこで自分がお年寄りの客を階段にある踊場へと誘導したが、サーフィンで波に乗っていた経験が少しは役に立ったのかもしれない」と小室は振り返る。

そんな鈴木酒造を応援する横田郁夫と鈴木貴子の夫婦や小室修一夫婦らが参加する初めての田植えが二〇一四（平成二十六）年五月十八日に福島市松川町の丹野友幸の水田で行われた。

集まったのは鈴木酒造と親しい付き合いのある、北は青森から西は島根の酒販店や料理店関係者約五十人で、酒米の五百万石を七町歩の規模で植えた。

鈴木大介自慢の「土耕ん醸」を造るためには欠かせないコメで、鈴木酒造が震災から真の復興を遂げるためには福島米を使っての酒造りが欠かせないことは以前にも触れた通りである。

この日朝、横田夫婦がチャーターしたバスに居酒屋「ひょん」の常連客合わせて十三人が乗り、金町から東北自動車道経由で福島を目指した。

車中では「ひょん」の特製つまみを肴に磐城壽を呑みながらの楽しい移動である。現地へ着いてから慣れない運動をするためにアルコールをガソリン代わりに入れていたのだろう。

皆田植えの経験などほとんどないのだが、丹野友幸の指導を受けて、まだ水の冷たいぬかるみに足を取られながら、無事作業をすませた。その晩は飯坂温泉の大介たちの双葉高校時代の同級生が営む旅館でさなぶり会という打ち上げを楽しんだ。

この場には鈴木酒造の応援団ともいえる酒販店から震災前に手に入れていた「土耕ん醸」なども差し入れされ、大介を囲んでの宴が深夜まで続いた。

翌日、一行はバスで浪江町請戸の被災現場へ移動し、鈴木酒造のあった場所を視察した。大津波は高さ三メートルの堤防を乗り越え、蔵のすべてを流し、コンクリートの土台だけがむき出しで残っていた。建物や船などの残骸と一緒につぶれた醸造タンクを見た一行は被害の大きさに息をのみながら、大介の「いつの日か、この地へ戻ってきて、酒造りを再開したい」という説明にただうなずくばかりだった。

鈴木大介の同級生、横田郁夫と鈴木貴子の夫婦は鈴木酒造店の復興を支援するためにあらゆる行動をしてきたが、メインはこの酒米の田植えと稲刈りの手伝いに店の常連客と駆けつけることである。

翌二〇一五（平成二十七）年からは鈴木酒造長井蔵がある最上川の福幸ファームで行われる春と秋の年二回の行事に参加してきた。

横田夫婦が営む葛飾・金町の「ひょん」には「磐城壽」と「一生幸福」の全種類の酒と「会津娘」や「飛露喜」、「写楽」など東北の地酒が常備してあり、近くの足立市場で手に入れてきた新鮮な魚や自家栽培の野菜を使って浪江で食べてきた日常料理にして出す。

常連客はこの酒と料理に魅かれ、年二回の長井行きも楽しみにしているのである。

店ではまず、突き出しに鶏団子スープや春野菜お浸しのような体に優しい一品を出してくれる。

白板にはその日のおすすめの肴が三十品ほど記してあるが、かつて『dancyu』が磐城壽を「ベストオブ魚酒」と紹介したのに合わせるように魚料理が充実している。

「大介君の酒に合うのは何といっても魚なので、手を抜けないのです」とは横田の弁だ。

カツオの刺身やマグロ中トロ、アジのタタキ、イワシのなめろう、シラウオポン酢、ギンダラ酒粕焼き、自家製イカ塩辛、焼きタラコ……というように季節に合わせ品書きも変わっていく。

このうち焼きタラコは塩漬けのタラコを炙《あぶ》ったものではなくて、新鮮なタラコに塩をふって焼いたもので段違いに旨いものだ。

B級グルメとして定評の浪江焼そばも〆に用意しているが、太麵に豚バラ肉、もやしを入れてラードで炒めソース味に仕上げた一品は相当なボリューム感がある。

この焼そばは一九五〇年ごろに腹持ちのいい食べ物として浪江で誕生し、労働者の人気を集めた。震災後の二〇一三(平成二十五)年に愛知県豊川市で開催されたB―1グランプリで一位を獲得して有名になり、ひょんは東京で一番目の浪江焼そば認定店となっている。

この店の常連客には浪江町の隣、南相馬市で酒販店をやっていて磐城壽のファンだったが被災後に上京、品川の酒販店で働く広瀬善也のような若者もいる。

普段はひょんのカウンターで、カレイの塩焼きなどを肴に磐城壽の純米酒をチビリチビリとやっているが、冬の蔵が忙しい時期には長井へ飛んで行き、酒造りを手伝ったりもしている。

居酒屋の居心地

「ひょん」はそうした常連客でにぎわう居酒屋とはいえ、初めての客もたちまちアットホームな雰囲気になじみ、長井の田植え、稲刈り行きのメンバーに加わってしまうのである。

店を営む横田郁夫は一九七二(昭和四十七)年七月、浪江町に近い富岡町の生まれ。県立双葉高校を出てから東京電機大学へ進んだが、登山に夢中になり、大学は中退して高級果物を販売する銀座千疋屋で接客の仕事をしていた。

その近くにある「舟甚」という居酒屋で日本酒をよく飲んでいて、鈴木大介の造る「土耕ん醸」に出会ったのもこの店で、偶然のことだった。

磐城壽応援団の横田郁夫と鈴木貴子の夫婦。京成金町で居酒屋「ひょん」を営む

横田は千疋屋をやめて金町の居酒屋で半年ほど修業してから、三十三歳の時、独立してひょんを開業した。

間口は狭く、カウンターだけの店で、厨房も狭いため店内には一升瓶を二十本ほどしか置けないため、ストックしている地酒は自宅の二つの冷蔵庫に保管して、必要に応じ店へ運んでいる。

「店で出す酒は『磐城壽』、『一生幸福』の他はバランスのいい、しっかり造られたものをそろえている。寝かせておくにつれ、味乗りがしてくる酒もいいですね。小さな蔵元の季節限定酒もおススメです」と店主の横田は説明する。

午後六時に店のノレンを上げ、常連客で満席になり忙しくなってくると、妻の鈴木貴子が姿を見せる。

貴子はJR常磐線の夜ノ森駅前にある衣料品店に生まれ、双葉高校へ通っていた。夜ノ森は桜の名所で、震災前は多くの人々でにぎわった。都内のデザイン系の専門学校に通った後はグラフィックデザイナーになり、一生幸福の「甦る」などのラベルデザインは彼女が受け持った。

夫婦二人がそろうと店がよりにぎやかになる。どちらかというとシャイで言葉が少ない店主に対し、明るい性格で笑顔がはじける妻。かつて酒評論家の太田和彦が「居酒屋の『居』は居心地がいいの『い』」と言っていたが、ひょんはまさにそうした居酒屋の典型なのである。

ひょんでは酒を透明なグラスで出すことが多いが、時に相馬焼の白い盃を使うこともある。

横田郁夫が福島県立双葉高校で三年間一緒だった陶俊弘《すえ》の作品だ。相馬焼とは江戸の元禄年間に浪江町の大堀地区で見つかった陶土を使った焼き物で、大堀相馬焼とも呼ばれ、生活雑器を主に作っている。江戸末期には窯元が百軒くらいあったと伝えられるが、東日本大震災が起きた時には約二十五軒になっていた。

陶はそのうち百年続く老舗の五代目で、震災に襲われた時は山間部に位置する大堀地区の揺れも激しく、陶の自宅も半壊し、その後は愛知県瀬戸市を経て、現在は長野県駒ヶ根市の工房に移り作陶を続ける。

鈴木大介とは卒業してからの付き合いだが、「長井へ遊びに行き、水もきれいですがすがしいところだねと言ったら、冬の大雪を知らないからだ、と笑っていました。大介はウラがないというか、まっすぐな男という印象で、造る酒にもその性格がよく出ていると思う」と語る。

陶が「磐城壽」の燗酒に合わせるのは自身が作る白い盃だが、「相馬焼というとグレーに近い白が多いが、自分の盃はアイボリーに近い、少し黄味がかった白。これで呑む磐城壽が一番旨いと思う」と話す。

「ひょん」は以上見てきたように、鈴木大介の双葉高校時代の友人を軸にしてできたささやかな店なのだが、二〇一七（平成二十九）年八月にはBS－TBSの「吉田類の酒場放浪記」に取り上げられた。

常連客は喜びながらも、新たな居酒屋ファンが詰めかけて自分たちの居場所がなくなるのではないかと心配もしたが、都心から離れた金町の酒場であるが故にそうした現象も起きず、安堵したという。

蔵元とファンの「顔の見える関係」

横田郁夫と鈴木貴子の夫婦が企画する長井への田植え、稲刈りツアーの二日目には鈴木酒造店の蔵見学や長井の町内散策、芋煮試食会などの楽しいイベントがあるが、二〇一五（平成二十七）年五月に行われた葉山の山中を歩くツアーは、東北の自然の奥深さを満喫できたという意味で参加者の印象に強く残ったようだ。

葉山は最上川の左岸に位置する標高千メートル級の山並みで、朝日連峰の前山に当たる。山頂付近には遅くまで雪が残る御田代《おたしろ》湿原があって、ふもとの人々は田植えを終えるとイネの苗を携えてこの湿原に登ってそれを植え、豊作を祈る風習が今でもある。

この辺りには戦国武将の上杉謙信を藩祖とする上杉・米沢藩が日本海に面した庄内地方へ抜けるルートとして切り開いた朝日軍道が山中に残る。かつてはこの山道を人馬が往来し、羽黒修験《しゅげん》の山伏たちも利用したという。

そうした山腹から見下ろす田園地帯には防風林に囲まれた散居集落が点在するのだが、こうした長井の自然と歴史風土を学ぶ際のコンダクターを務めるのは「葉っぱ塾」を主宰する八木文明だ。

鈴木大介と親しく交流する八木は一九五三（昭和二十八）年の地元生まれ。大学では地質学を専攻し、高校の教員を務めてから五十四歳で早期退職し、大人も子どももさまざまな自然体験活動を経験する葉っぱ塾を立ち上げた。

東日本大震災の後、宮城で長期間ボランティア活動を続けた経験もあるので、原発事故後、福島に住む子どもと家族を長井に招いて週末の二日間静養してもらう「森の休日」という試みを続ける。そのための支援資金に鈴木酒造店では毎年、「甦る」の売り上げの一部をカンパしている。

「鈴木さん一家は地震と原発事故ですべてを失った。それでも神様は見放さず、長井でいろいろな人とつながる機会を与えてくださり、いい酒を造り続ける。すばらしいことと思う」と八木は語る。

葉山は、鈴木大介が冬山登山でも訪れる山域だけに、自らツアー参加者の横田夫妻たちに熱心に説明を加えていた。八木に案内されたこの時のツアーは、山菜狩りが目的だったが、この年は四月下旬から気温が高くなって山の雪解けも進み、タラの芽などは早くも姿を消していた。

一行はそれから昼食をとるために、樹齢千二百年を越えるサクラの古木で有名な伊佐沢地区へ。ここのサクラは坂上田村麻呂と土地の豪族久保氏の娘との悲恋伝説が残るエドヒガンで、大正十三年に国の天然記念物に指定されている。

葉桜の時期になっていて花見こそできなかったが、地区の公民館では料理講習会も開かれた。鈴木大介自らワラビやコゴミを天ぷらに揚げ、横田郁夫ら「ひょん」の一行は地元の農業・佐藤仁敬から手打ちそばの打ち方を教わり、昼食の天ぷらそばを自ら作って舌鼓を打っていた。

鈴木酒造の田植えや稲刈り後の二日目のイベント昼食時には、最上川の河川敷で開かれる芋煮会に参加したり、酒蔵の庭に大介が作った釜でギョウジャニンニクなどの山菜ピザを食べたりして交流を深める。

蔵元とその地酒を愛するファンがこうやって「顔の見える関係」を作っていくことは、鈴木酒造にかぎらず各地の酒蔵でも増えてきているようだ。

金賞酒は郷土の誇り

「土耕ん醸」のような個性的な酒を造る酒蔵にとって、無縁なものが全国新酒鑑評会で毎年五月に発表する金賞受賞酒である。

酒類総合研究所（東広島市）と日本酒造組合中央会が共催する、酒質のクオリティを競い合うコンテストで、一九一一（明治四十四）年に第一回が開催された。日本酒関係では最も権威のある賞で、二〇一九（令和元）年は全国から八百五十七銘柄が参加し、二百三十七銘柄が金賞を受賞した。

このうち、福島県から出品した二十二銘柄が金賞をとり、都道府県別では七年連続日本一の座に輝いた。山形県は十三銘柄受賞で全国六位だった。

ただ、受賞の条件は山田錦などの最高級の酒造好適米を使って造った大吟醸などのきれいな酒で、旨みの乗った個性的な酒などは対象外となるため、蔵の酒を全量純米酒に切り替えた神亀酒造のような酒蔵は決して出品してこなかった。

呑んでうまい酒が必ずしも金賞を受けるわけではないからである。

鈴木酒造では鈴木大介、荘司の兄弟が酒造りを始める前の父市夫が仕切っていた浪江時代には何度か金賞を受賞しているが、二人の時代に替わってからは積極的に出品してこなかった。

しかし、浪江から長井へ移った二〇一一（平成二十三）年を大きな区切りとして、気分一新して金賞酒に挑戦することにしたのである。

最初の年は、気候も設備も、使う水も、環境が全く違う中での酒造りで、大介は「手探り状態での試みだったが、酒の造りは一番良かった。しかし、瓶詰の酒を火入れするための設備もなくて、釜で熱処理したためうまくいかず、でき上がった酒のキレもよくなかった」と振り返っている。

そして、「磐城壽」と「一生幸福」のスタンダード酒を造りながら四度目の挑戦で二〇一七（平成二十九）年五月、大吟醸の「一生幸福」を出品し、念願を果たした。

「自分の喜びというより、周囲の人たちに喜んでもらえたことがうれしかった。今回の結果を次につなげて、一生幸福の名前の通り誰が呑んでもハッピーになれる酒を目指したい」と大介は語り、荘司も「『やっとかー』と思った。苦労が実ったので、すごくうれしかったけど、何よりもほっとした気分だった」と話す。

酒蔵でともに汗を流した大介の妻裕子は「やっと花が咲いた。やっと地に足が着いた感じ。この調子で長井で多くの方にお酒を呑んでもらえれば」と喜びを語り、荘司の妻康子も「大変な思いをしながらお酒を造る姿をまぢかで見ていたので、心から良かったと思いました」と言って、笑顔を見せた。

家長の市夫に至っては「金賞受賞の知らせを聞いた時は、思わず涙が出た。『一生幸福』を東洋酒造の佐藤俊子社長から引き継いだといっても名前だけでなく、実質が伴ったことが証明されたわけだから」と感想をもらしていた。

東洋酒造時代からの従業員の一人、小関隆は「我々の時代の一生幸福は時代に遅れた酒を造っていた。鈴木さん兄弟の息の合った仕事が名誉ある賞につながったと思う」と喜びを語った。

長井の一宮、總宮神社の門前で「まるはち酒店」を営む大内敏は金賞受賞の感想を次のように話す。

「最初に長井でできた鈴木さんの酒を一口呑んだ時、技術力のすごさに舌を巻いたが、それが今回客観的に証明される形になった。あれだけ過酷な体験をされながら、ここまで立ち直るとはすごいこと。ともかくいい酒を醸さなければという使命感が強かったのだと思う」

二十種以上の一升瓶が並ぶ「さなぶり会」

鈴木酒造の金賞受賞を祝う宴がこの年六月二十四日、長井市の中央通り商店街にある中央会館で開かれた。

中央会館社長村田剛の弟で、福島県いわき市から長井へ移り住んだ村田孝が主催者を代表して次のようにあいさつした。

「市民が守り続けた酒を、避難者として流れ着いた酒蔵が、受け入れ先の方々に見守られながらイノベーションを果たし、全国の場で賞を受けるなど、どこにでもある話ではありません」

鈴木一家と同じ被災者として長井市へ移住した立場の村田のスピーチであるだけに、説得力もあり、会場に詰め掛けた長井市の関係者や浪江町の副町長ら六十人の間からは「大変な快挙」と割れるような拍手が起きた。

こうした晴れの場に使われる中央会館は一九五七（昭和三十二）年に長井市で初の洋風レストランも併設した大型宴会場としてオープンした。

地元出身の事業家で市会議員の経験もある渡部昇吉が創業者で、二代目綱雄の長女裕子と結婚した福島県いわき市出身の村田剛が現在三代目社長を務める。

村田と裕子は東京経済大学の体育会スキー部で知り合い、一九八七（昭和六十二）年に所帯を持った。裕子は専務の肩書を持ち、女将を務めるが、仲の良さで有名なおしどり夫婦である。

当時の長井は東芝系のマルコン電子などの産業も栄えていて、中央会館には官公庁からの宴会も予約がよく入り、和洋の板前や調理人が十一人もいるほどだった。

その後、企業の撤退も相次ぎ経済が縮小した現在、中央会館では四人の板前が長井の四季の宴会料理をつくる傍ら、居酒屋部門の大衆料理も担当している。

そうした流れに少しでも歯止めをかけようと、村田剛が置賜地方の五つの酒蔵を集めて、

「おきたま五蔵会」を結成したことは前にも触れたとおりである。

長井の伝統文化を大事にする村田の妻裕子は宴席で挨拶をする際には長井絣《かすり》の着物を身に着けることが多い。

長井絣は米沢藩の第九代藩主、上杉鷹山の殖産振興策に基づき始めた養蚕で生まれた絹糸を越後からの技術者の指導を受けて基本を作っていった。

着てみて軽く、温かく、しわが寄らず、丈夫で長持ちするのが特徴で、生産は昭和三十年代から五十年代が全盛期だった。

「ふだん着に使っているのですが、やわらかい色合いがとても気に入っています」と裕子は話す。


横田郁夫と鈴木貴子の夫婦は「ひょん」の常連を連れて最上川河川敷の田植えや稲刈りを済ませた後は、中央会館に移動して「さなぶり会」という懇親会に出席することを大きな楽しみにしている。

毎回五、六十人が参加するが、この場には「磐城壽」と「一生幸福」の大吟醸酒、純米酒、本醸造酒、普通酒、「土耕ん醸」……と二十種類以上の一升瓶が並ぶ。

これを参加者は冷やして、常温で、あるいは燗にして好みの形で飲むが、これらの酒に合わせる肴は、田植え時の五月なら、以下のような品書きになる。

山菜おひたし、山菜天ぷら、フキ煮、新玉ねぎソテー、玉コンニャク煮、朝取りアスパラの豚肉まき、馬刺し、カツオタタキ、山形牛とワラビの卵とじ、豚肉の酒粕・味噌漬け焼き、丸ナス漬け……。

九月か十月の稲刈り時の品書きは次のようになる。

もってのほかという食用菊のお浸し、アケビみそ焼き、キノコ天ぷら、お造り盛り合わせ、山形牛の芋煮、餅（じんだん、胡桃）、米茄子焼き、地野菜のお新香盛り……。

これらをつまんで、「磐城壽」、「一生幸福」を飲みながら、鈴木大介、荘司兄弟から酒造りの苦労や喜びを聞き、三時間ほど過ごす。

田植えの時期なら宴会場の外では黒獅子祭りの囃子が聞こえてくるが、それも終わるころ、市内のスナックへ繰り出し、心行くまでカラオケを楽しむ。

大介の好きな曲はブルーハーツの「世界の真ん中」、荘司は西城秀樹の「情熱の嵐」をそれこそ情熱をこめて歌う。ひょんの横田夫婦はレキシの「狩りから稲作へ」を交代で歌うといったところだ。

まだ飲み足りないという向きは深夜のラーメン店へ行き、それから翌日のイベントを楽しみに市内の旅館で眠りにつくのである。

第五章
故郷・浪江へ帰る日

この巨大防潮堤の向こうに鈴木酒造店はかつてあった。2019年８月

豊かな時間を取り戻したい

東日本大震災から八年になる二〇一九（平成三十一）年の三月十一日――。

この日の朝九時半ごろ、山形県長井市で「磐城壽」を醸す鈴木大介のフェイスブックに突然、次のメッセージが流れた。

「急告！　早朝、思い立ち、浪江に社員総出で参ることとしました。何分、急なため大型バスとなりあと二十人は乗車可能です。バス代は頂戴しません。お昼は各自準備。十一時半、長井市白つつじ公園出発、帰りは十八時過ぎになりそうです。参加希望される方、こちらに返してください」

紫色に白抜きの文字の画面に驚いた長井市在住の葉っぱ塾主宰八木文明は、直ちに大介に「行きます」と返信を送り、鈴木酒造店の一行と福島県浪江町に向かうことになった。

八木は震災後、宮城県内の被災地でボランティア活動を積極的に行ってきたものの、長井で親しくなった鈴木酒造一家の原点となる浪江に足を踏み入れたことはなかった。それだけに、何としてでも現地へとの思いを強くしたのだという。

バスには鈴木大介と長男の彦気《げんき》のほか、冨樫光生や田中廉、田苗潤平、小原右太郎ら鈴木酒造の若手蔵人と小関隆、佐竹みきよら東洋酒造時代からの従業員も乗り込んだ。

中央会館社長の村田剛や浪江の写真を長年撮り続けるカメラマン渡辺和哉、長井市観光局職員芳賀啓らの姿もあった。

「震災から時間が流れ、長井の蔵で働く若い人たちは浪江を知らない者もいるので、浪江の現状を見せて『磐城壽』はどういうところで造ってきた酒か、その原点を肌で知ってもらう狙いもあった」と大介は語る。

長井を出たバスは山形と福島県境の栗子峠を越えて福島市へ出て川俣町などを抜け、二時間半ほどで浪江の町中へ入った。

かつて鈴木酒造の一家が浪江から米沢へ脱出行を続けた阿武隈高地の道を逆に走ったのである。

周りで目に入るものといえば、放射能汚染土などを包んだ黒いフレコンバッグのような、のどかな自然とは相いれない人工物が多かった。

浪江の海岸には巨大な防潮堤が完成していて、鈴木酒造の酒蔵がかつて建っていた場所は分からないほど大きく変貌し、整地が進んでいた。

打ち上げられた漁船や漂流した家屋、乗用車の残骸など人々の暮らしを思い起こさせるようなものはきれいに片付けられていた。

八木文明は自身のブログ「葉っぱ塾〜ブナの森から吹く風」の中で、三月十二日の項に浪江の前日の光景を次のように書き込んでいる。

「3月11日14時46分を、サイレンが吹鳴される浪江町請戸漁港の防潮堤の上で迎えました。1分間の黙禱の間、この地で津浪に巻き込まれた多くの犠牲者のこと、その後の原発事故のこと、様々な救援・支援活動のことなどがグルグルと思い起こされ、涙がこみ上げてきました。

請戸漁港から福島第一原発までは直線で7キロほどしか離れていません。波しぶきが立つ海岸の向こうに、福島第一原発で作業する巨大なクレーンが、思いがけない近さで立っているのが見えました」

八木はこの日のツアーに参加した感想を「鈴木さん一家は新天地長井へ移り、頑張って来られたが、決して安住の地にはなっていないことが伝わってきた。心に負った深い傷は八年という時間が経過してもなお癒えてはいないのです」と語り、次のように続けた。

「震災当日や直後のことなどをていねいに伺う機会をつくっていただくのは聞く側にとって大切なことだが、話す側にとっても傷を癒すためには重要なことと考える。

大変だった経験を誰かに語ろうにも、周囲はみな辛い思いをした人ばかりで自身の体験

海に向かって黙礼する鈴木酒造店の蔵人たち。2019年３月11日、堀誠撮影

や思いを十分には語り尽くせないからだ。

浪江では町役場の周辺など放射線量が比較的低い地域に住民の帰還が始まっていた。その日訪ねた宿泊施設前のモニタリングポストの値は除染基準を上回る数値を示していた。

チェルノブイリ原発の事故後の対応と比較すれば、こうした帰還政策は人命軽視であると思わずにはいられなかった」

この時、防潮堤に居合わせた共同通信のカメラマン堀誠によると、浪江の海は大荒れで、白い波しぶきを見た鈴木大介は傍らにいた息子の彦気に「浪江らしい海だ。覚えているだろう。山形と違うのは山に雪がないことぐらいかな」と阿武隈高地の方を見て語りかけた、という。

彦気はこの時は山形県立長井高校一年で、浪江で産声を上げて八歳まで海辺の町の空気を吸い、ここで獲れた新鮮な魚を食べて大きくなったのである。

母親の裕子や祖父母の市夫、スミヱらとにぎやかに食卓を囲んだ楽しい日々を思い出していたのだろう。

漁師町で育った大介は、山の見え方や雲の動き、風向きで次の日の天気が分かったそうだ。酒造りにとって天気を読むのも大事な仕事の一つで、それを浜の漁師に教わったという。

大介がなぜ、浪江へ戻りたいのか——。

それは突然の原発事故に遭い、故郷を追われた人々からもう一度酒を造ってほしいと頼まれたことはもちろん大きい。

だけれど、それだけではない。父と息子が魚釣りをして、家族皆で過ごしたあの海辺の町の豊かな時間を取り戻したい、という思いがあったに違いない。

彦気が長井市の小学校へ転校して、授業で描かされる絵には浪江の海の場面が多かったという。

請戸で歌う鎮魂の曲

一行は防潮堤から墓地がある高台の大平山霊園へ移り、百八十人以上の震災犠牲者の名前が刻まれた慰霊碑の前で大介が一人ひとりについての思い出を説明していると、シンガー・ソングライターの門馬よし彦がギターを持って姿を見せた。

門馬は一九七九（昭和五十四）年生まれ。福島市でラジオのパーソナリティーも務めたこともあるが、元々は鈴木大介と同じ請戸地区の出身で、津波で親戚や多くの友人を失っていた。

請戸小学校の校内マラソンでは鈴木大介、弟の荘司、門馬が新記録を更新してきた。

そんな門馬は震災が起きてから避難所を回り、安否確認や支援物資配給の先頭に立ち、アンパンを配っていると、目の前で年配の男たちが大げんかを始める。

それもパンを奪いあうのではなく、

「お前ン家、子どもいるべ」

「お前ン家こそ」

と譲りあってのことで、こうした姿が請戸の愛おしい日常と重なって見えたのだろう。

そんなわけで、「この日だけは地元に帰ってきて歌わなければいけないという使命感があるのです」と門馬は語る。

その一年前に長井で鈴木酒造店の復興支援酒「甦る」の新酒試飲会を開いた時にも、門馬は請戸で鎮魂の曲をひいた後、百キロも離れた中央会館へ駆けつけた。熱いミュージシャンなのである。

「黙禱の時刻に海へ磐城壽の酒を撒いてきた」という門馬に大介が一曲リクエストすると、ふるさとを題材にしたオリジナル曲の「願い」を歌ってくれた。

〈夢であればいいと　毎日目をとじるよ　いつも穏やかな　ふるさとを思い浮かべて〉
〈だけど目にうつる現実は　変わり果てた姿で　ため息しかでないけれど　夢中になって歩いてる〉
〈数えきれないほど悲しみがある中で　今少しずつ動き出している　たくさんの絆〉
〈何もかもが流されて　何ひとつ残ってないけれど　また暮らしたい　いつかきっと〉

「どれだけ時間がかかろうと僕は故郷へ帰る」という門馬の訴えに、浪江へ帰って再び酒造りすることを心に誓った大介は、自身の未来と酒蔵の将来の姿を重ね合わせたに違いない。

前例も正解もなく

鈴木大介は同郷の被災者から「もう一度、『磐城壽』が呑みたい」と言われ、新天地の長井へ移り一家で再起を図ったわけだが、浪江の町自体も復興への道のりは今も苦難の連続である。

鈴木一家が苦労したのと同じように、人口約二万一千人の浪江から町外へ避難した一万五千三百人余りの一人ひとりにも想像もつかないドラマがあったはずだ。

震災後のあの過酷な時代にもう一度時計の針を巻き戻してみよう。

二〇一一（平成二十三）年三月十一日。

日本歴史に残る未曽有の原子力災害に直面し、東京電力からも国からも積極的な支援を受けることができない中で、「前例も正解もない」と言われる全町民避難と町役場移転のリーダーシップを執ったのは、ほかならぬ町長の馬場有である。

馬場は被災後、浪江から約五十キロ離れた福島県二本松市に町役場の仮事務所を置き、国や県、東電などと被災者救援と町の復興に向けたあらゆる交渉に全力を尽くした。

「若いころはソフトボールの対戦相手だったが、いつも自分のチームが勝っていた。酒屋のおやじから町議、県議、町長へ上り詰めていった。ともかく真面目な男で、移転先の仮事務所に寝泊りしながら町民のために、ひたすら仕事に打ち込んでいたことを覚えている」と振り返るのは鈴木市夫だ。

鈴木自身が請戸地区の区長を務めていた関係もあって、行政責任者として、酒店経営者としての馬場の素顔をよく知っているのだった。休みの日には近所の公園で孫と遊んだり、仲間と楽しく酒を呑んだりしていたという。

馬場有は一九四八（昭和二十三）年に浪江町で生まれ、仙台市にある東北学院大経済学部を卒業した。実家の酒販店を継ぎ、毎日前掛けを締めて配達に回るような気さくな性格だったが、四十歳で町議になり、二〇〇七（平成十九）年に町長に初当選した。

過疎化と高齢化に悩む自治体でいかに町おこしを進めるかが行政の重要課題だったが、そんな姿勢を大きく変えざるを得なかったのが東京電力の原発事故だった。

被災者を軽くみる東電と国に対し徹底的に「闘う町長」に変わっていった。

その時の様子は以前にも触れた通りで、馬場の脳裏をいつも去らなかったのが、町長として全町民に避難を呼びかけた脱出ルートが結果的に放射線量の高い地域だったことで、それを一生悔やんでいた。

国や東電はなぜ、そんな大事な情報を持っていながら地元に伝えてくれなかったのか、と。

津波による行方不明者の捜索を途中で打ち切らざるを得なかった点についても痛恨の極

みで、全国に散らばる避難者のもとを訪れ、「こんな状況に皆さんを追い込んでしまって本当に申し訳ない」と涙する場面もあった。

避難指示区域外から県外へ避難した「自主避難者」のその後についても気にかけながら、力になれなかったことを気にかけていたという。

二〇一四（平成二十六）年春に胃がんと診断され、胃の三分の二を摘出しながら翌年十一月の町長選に小さな体にムチ打って出馬し、三期目へ突入した。

「故郷に戻れず、働くこともできない。今の浪江の状況は基本的人権が侵害されていて、日本国憲法に明確に違反している。こんなことは許されるはずがない」と語るほど、時の中央政権と電力資本に対峙する姿勢を貫いた。

これからが本当の勝負

「地図から自分たちの町が消えることは我慢がならない。いつでも誰でも戻って来れる平和な浪江を守らなければ」と言っていた馬場が大きな決断を迫られたのが二〇一七（平成二十九）年の三月三十一日。

政府の指示に基づいて町民に出していた居住制限、避難指示を一部の帰還困難区域を除いて解除したのだった。低線量被ばくへの不安などの問題点が残っていたとはいえ、除染や生活インフラの整備にもある程度目途がついたと地元自治体の首長として判断したからだった。

全町避難が長引く中で町は荒れ放題となり、イノシシやサル、アライグマなどの野生動物も不在者宅に棲みついていた。避難者宅への窃盗の被害も相次いでいた。

津波に流された田畑はススキをはじめ雑草が背も高く生い茂り、原野に近い形に姿を変えていた。

「解除には時期尚早の反対論もあったが、判断が遅れれば遅れるほどふるさととの再生は困難になる。先駆者だけでも頑張ろうではないか」として一歩を踏み出したのである。

この日、三月三十一日付けのフェイスブックで鈴木大介は次のように感想を記した。

「本日、浪江町の避難指示が一部解除されました。面積では二割ほどの部分解除で、あくまで通過点。ようやくここに至ったということに、そこに暮らした三十八年と震災後の六年。様々な思いを抱きながら報道を見ています。これからが本当の勝負です。自分のためにも」

翌四月一日にはJR常磐線の浪江—小高間が運転再開となり、震災以来六年ぶりに浪江から仙台まで鉄路がつながった。

「車窓から見る景色は格別だ。JRの運転再開はありがたく、復興への大きな原動力となる」と一番列車に乗った馬場有は感想を語った。久しぶりにうれしそうな表情を見せたリーダーの姿を町民の誰もが覚えている。

町役場も二本松市から浪江へ戻り、「新たな歴史の一ページを共に創ろう再スタートなみえまち」という垂れ幕を入り口にかけた。

この時点で浪江では五千八百四十一世帯一万五千三百二十七人が帰還対象で、町としては計百六十五戸分の町営災害住宅も用意した。

命を削った浪江町長の死

この二〇一七年の八月には請戸地区の、鈴木酒造店の近くにあった苕野《くさの》神社で震災後初の田植え踊りが行われた。

三百年の歴史を持つ民俗行事で、子どもたちが豊作祈願を祈る。夏草に覆われた集落跡に小さな仮社殿を建て、県外に避難した子どもたちが色鮮やかな衣装を着て民謡と太鼓に乗って舞を披露すると、地域ゆかりの人々から歓声が上がった。

近くの請戸港では避難先から三十隻近い漁船が戻り、沖で水産の復興目指してヒラメの稚魚放流も行われた。漁業協同組合や魚の集荷場など水産関連施設の整備も進む。

九月から十月にかけては立野地区の休耕地を活用してコケやオリーブの実証栽培が始ま

った。コケは建築資材として需要が見込め、オリーブは油などの製品化を目指している。十一月には「十日市祭」が七年ぶりに復活し、明治から続く伝統の祭りに全国から約一万人が一時帰郷して雰囲気を盛り上げた。

そして翌二〇一八（平成三十）年四月、幼稚園と保育所を兼ね備えた認定こども園と、「なみえ創成小・中学校」が誕生した。

子どもの声が町内に響くようになるのは大きな変化だ。

それでも町の賑わいが往時とは比べようもないのは仕方がない。町役場に隣接して仮設商店街「まち・なみ・まるしぇ」はあっても、町の顔であるJR浪江駅前の大通りで商店が営業を再開できるまでには至ってないからだ。

制限区域解除後二年で、町へ戻った人は役場の関係者をはじめ約千人という。

「買い物は隣町の南相馬まで行かなければならない。若い人は就職や子どもの学校の問題とか事情がいろいろあって浪江へ帰りたくても帰れないというのが正直なところではないか」と鈴木酒造店会長となった鈴木市夫は語る。

浪江町は震災・原発事故前の人口は約二万一千人で、双葉郡八町村の中心的な位置を占めながら、原発関連施設が一つもなかった。かつて浪江町議会は原発誘致を決議したものの実現せず、それゆえに周辺町村のように税収で町が潤うこともなかった。

そうした中で、原発の負の側面だけを一方的に押し付けられる形となった理不尽さに同情する声もあったからか、全国からふるさと納税が集まった。

震災前は年間七十万円程度だったのが、募集を再開した二〇一五（平成二十七）年度には千七百万円が集まり、翌一六年度でも約八百万円と原発事故前の十倍超に上がった。

その返礼品は約三百二十年の歴史を誇る大堀相馬焼の湯呑みやB級グルメで知られるなみえ焼そば、鈴木酒造店が山形・長井で醸した「磐城壽」の晩酌セットに人気が集まった。

町が少しずつ復興に向く中、町長馬場有の胃がんが再発し、公務を続けながらも入退院を繰り返し、二〇一八（平成三十）年六月二十七日、六十九歳で帰らぬ人となった。

告別式の場では「誰もが投げ出したくなるような困難な状況の下で、町民のために頑張ってくれた。命の骨を削る思いをしながら町残しの道を作ってくれたことに感謝する」と話す町関係者の挨拶に号泣する人も多かった、という。

馬場の後任は震災発生時の浪江町議会議長で、「馬場町長とは車の両輪となって対応に追われた仲。火中の栗を拾う覚悟で立候補した」という吉田数博が八月の町長選で選ばれた。

この時点で、吉田は馬場より三歳年上の七十二歳。「子どもたちのために復興をあきらめるわけにはいかない。多くの苦労が待ち構えていても八十点は取りたい」と話したという。

未曽有の原発事故を起こした東京電力について馬場が慰謝料増額を申し立てた和解仲介手続き（ADR）は、東電側から六度も拒否されたため「加害者意識のひとかけらもない」として準備した集団訴訟も引き継ぐなど、吉田新町長も瀬戸際の攻防を強いられている。

町内ではいくつかの事業所の進出も明らかになる一方、かつて東北電力が原発立地を目指し、最終的に断念した小高《おだか》原発の候補地に世界最大級の水素製造拠点を目指す棚塩産業団地の造成も進む。

原発という巨大な化け物に翻弄された相双地区に、今再び科学技術の粋を集めたようなビッグプロジェクトが舞い降りようとしている。

犠牲者の上に瓦礫

そんな故郷の町へいつの日か帰り、酒を造りたいと願ってきた鈴木酒造店の一家にとって、脳裏から離れないのが長井から百十キロも離れた浪江の農地の状況だった。

浪江から山形の長井へ移った鈴木酒造では、酒造りに使うコメの「さわのはな」と「出《で》羽燦々《わさんさん》」の栽培は、地元の何軒かの専用農家にお願いしてきた。

東洋酒造時代の看板酒「一生幸福」や「甦る」などを醸すためには、地元の水で育てた地元のコメを使うのが一番ふさわしいと考えたからである。浪江時代の「磐城壽」と「土耕ん醸」を造るためには福島市郊外の松川町で農業を営む丹野友幸に山田錦や五百万石などの栽培を委託してきた。

しかし、一番気に掛けていたのは、浪江で酒を醸す以上は浪江で育てたコメと浪江の水を使いたいということだった。現地の様子は一体、どうなっているのか。

鈴木大介は折を見つけては浪江に足を運んできたが、二〇一五（平成二十七）年三月十四日、つまり震災から四年後のフェイスブックに現地の様子を次のように記している。

「3・11不明者の捜索、地元請戸地区

雑木が立ち始め、固い蔓が地面を覆って、この土地の時間経過を突き付ける。

打ち上げられた漁船は片付けられた。津波瓦礫も徐々に無くなっていく。

生活の痕跡も残らないだろう。請戸はどうなるのか？

亡くなった人の上に、市街地の災害瓦礫を運び込む。

分かっているんだけど、違和感を抱く。

捜索終了後、もう一度請戸に。

今まで見つけることができなかった愛車、発見」

津波で海へ流されたと思っていた愛車のスバル・レガシーが酒蔵から南西へ一キロ離れた田んぼの中で見つかり、車内には大介が大事にしていた渓流釣りの竿と胴長靴があった。人々の遺体捜索もままならなかったのに、その上に新しい町をつくるための瓦礫を運び込むなんて、亡くなった人を二重に冒瀆することになるのではないか、という大介の静かな怒りが伝わってくるような記述である。

待ち焦がれた浪江の味

これより一年前の、二〇一四（平成二十六）年五月、浪江町では将来の農業再開の可能性を探るため、地元の栽培農家に委託して居住制限区域となっている酒田地区の五十アールの水田にコメの試験栽培を始めた。

まず水田の除染をするため、表土を約五センチ剝ぎ取り、放射性セシウムの吸収抑制効果がある塩化カリウムを散布するのだが、これを実際に田植えする場所よりはるかに広い範囲から作業を始めるのだった。

そして、ここに新しい土を入れてコシヒカリと福島のオリジナル米「天のつぶ」の苗を植えたのである。

五か月後の十月にコメの刈り取りを行い、全袋検査をした結果、セシウムは一キロ当たり二ベクレル以下となり、基準値である同百ベクレル以下を大幅に下回った。

このコメは東京・霞が関の環境省に送られ、職員食堂でふるまわれて、望月義夫環境相は「おいしい。今後も除染をしっかり行い、福島の復興を進めていきたい」と話した。

翌二〇一五年一月には東京大学にも届けられ、本郷キャンパスで試食会が開かれ、濱田純一学長らに「コメの味は甘くて、おいしい」と好評だった。


鈴木大介は同じ時期に浪江町役場からこの時栽培した天のつぶ三百六十キロを使って、長井で新しく酒を造るよう特別注文の依頼を受けた。一月十五日に仕込みを始め、翌二月二十一日に絞りに入るという行程で、四合瓶で九百本分を醸した。

この時の酒は「希《ねがい》」と「望《のぞみ》」と名付けられ、三月一日の常磐自動車道が富岡と浪江でつながり、首都圏と仙台圏まで通じる全線開通祝賀会で「希望」の二本セットとして参加者に配られた。浪江町のふるさと納税への返礼品としても使われた。

「待ち焦がれた浪江の味だ」

「おいしい酒を造ってくれて、ありがとう」

と感激の声が鈴木酒造店へも多く寄せられた。

「水を長く吸わせてもコメが堅くてなかなか溶けず、四合瓶で予定の千本分を醸すことができなかった。それでも、もろみの過程で工夫をして、コメの密度感が高い、純米酒らしい酒に仕上げた。地元・浪江の材料で実験的に作った、感慨深い酒でした」と大介は振り返る。

二〇一五（平成二十七）年は、地震と原発事故で奈落の底へ突き落とされた福島県民の心を和まされる出来事もあった。

常磐道全線開通の前日、二月二十八日。

英王室のウィリアム王子が日本を訪れ、安倍晋三首相とともに福島の被災地で子どもたちと交流し、夜は郡山市内の旅館で地元食材を使った和食の宴を楽しんだのである。

福島産野菜や相馬原釜港に水揚げされた新鮮な魚介類、福島牛を使った料理に合わせたのは「磐城壽」の山廃純米大吟醸と、会津坂下にある「飛露喜《ひろき》」の無濾過生原酒だった。

県産食材を使っての会食は、原発事故の風評被害を払拭するために一肌脱ぎたい、というウィリアム王子の強い意思の表れで、被災者と向き合う姿勢に積極的な社会貢献で知られた母の故ダイアナ元妃の面影を感じさせたという。

浪江の米と水で仕込み

こうして故郷浪江で復興への動きが少しずつ進む中で、鈴木大介が描いていた鈴木酒造の未来像は、循環型の酒造りを目指すというものだった。長井へ移り、レインボープランに関わるようになった影響も大きかったに違いない。

二〇一六（平成二十八）年一月には酒蔵に酒粕を絞って焼酎に変える減圧蒸留器を二千万円かけて導入し、四月に粕取り焼酎の製造免許を受けた。

粕取り焼酎というと、太平洋戦争後の混乱した時期にはやった粗悪品を思い浮かべるかもしれないが、現在は香り高い個性的な焼酎を指し、「超低温で蒸留するので日本酒の香りをもったきれいな焼酎ができ上がる」と大介は話す。

コメで造る焼酎といっても熊本の球磨焼酎とは全く別物なのである。

「ウチの酒はどのランクの酒でも、使ったコメから四十パーセントは酒粕が取れるので、旨味成分を逃さないこの減圧蒸留器を使えば百キロの酒粕から十六から十七リットルの焼酎が取れる」と計算した大介は、この年五月十四日のフェイスブックに次のように書き込みをした。

「製造免許を受け、それ以後、蒸留を開始し、酒造りとしょうちゅう造りに勤しんでおります。

そこで、残るのがこの蒸留粕。これを肥料メーカーさんにお願いし、酒造りの敵とも言えなくない乳酸菌と納豆菌で再発酵させ、原料、酒粕のみの肥料を作って貰いました。蒸留粕の二次利用として、肥料に転化し、この肥料で原料米を再生産する。と、いうようなことを目標に、今季から試験的に長井、福島の一部の田園で取り組みを始めました」

鈴木大介はこの年七月には地場産米使用のみりん製造免許も取り、この粕取り焼酎と長井の栽培農家に育ててもらった「こがねもち」というもち米を使って本みりんを造った。

「日本酒蔵が使う麹菌と酒米、もち米を使って仕込み、絞ったみりんは熱殺菌を施さないので、濃厚な味わいの生みりんとなるのです」と大介は語るが、そうしてできたみりんは、「黄金蜜酒《こがねみつざけ》」と名付けられた。

文字通り上質な蜜のような甘さで、日本酒蔵で造る本みりんも珍しく、震災復興蔵を紹介する話題としてニュースなどでも取り上げられた。


さて、そうした流れの中で、鈴木酒造は二〇一七（平成二十九）年の年の瀬も迫った十二月二十六日、浪江で育てたコメと浪江の水を使って念願の仕込みを始めた。

この時用意したコメはコシヒカリが六百六十キロ。水は浪江時代に使っていた井戸水と同じ水系の地下水約千リットルを現地で手に入れ、鈴木荘司がタンクローリーで長井まで往復六時間かけて運んだ。

「水槽が重いため、バランスを崩さないよう長距離運転するのに神経を使った。こうまでしないと故郷での酒造りが再開できないもどかしさと、浪江再興のために失敗はできない、いい酒を造らなければとの思いが交錯した」

荘司がこう語れば、大介は「すべて浪江原産の原料で酒を仕込むのは初めてなので緊張した。苦境の中でコメを作ってくれた農家さんの期待を裏切らないようにしなければ、と自分に言い聞かせて酒造りに専念した」と振り返る。

翌年一月にかけて仕込んだ酒は四合瓶で千五百本分。震災から七年目になる三月十一日に「ランドマーク」の商品名で売り出された。ランドマークは英語で「道標」や「象徴」を意味するが、コメのふくよかさと旨みが感じられ、切れ味もある酒に仕上がったという。

鈴木大介は「この酒が浪江を象徴する銘柄に育ち、浪江の海や山の幸が震災前と同じように当たり前に食べてもらえる日が一刻も早く来るよう願って名付けた」と説明する。

この時酒造りに使った浪江原産のコメと水からは放射性物質はもちろん検出されてないが、福島県産品に対しては依然安全面を心配する厳しい声もあるので、大介は「安全性を証明するためにも、今後もランドマークを継続して作っていきたい」と話している。

異色のドキュメンタリー『カンパイ!』

鈴木大介、荘司の兄弟が故郷・浪江での酒造りに動いていた二〇一六(平成二十八)年の夏、一本の日本酒に関するドキュメンタリー映画が全国で公開され、話題になった。

米国在住の小西未来監督による『カンパイ! 世界が恋する日本酒』という一時間三十五分の作品で、岩手県の「南部美人」五代目蔵元・久慈浩介、外国人初の杜氏で英国人のフィリップ・ハーパー、米国人の日本酒伝道師・ジョン・ゴントナーの三人が主役を演じる異色のドラマだ。

「がんじがらめになっている自分を解き放ちたい。俺は挑戦したいんだ」と言って海外へ日本酒の売り込みに飛び回る久慈。

「蔵が生き残るためには新しいことをやる必要があった」と訴えるハーパー。

「日本酒を楽しんでいるうちにいろんな機会がやってきた。運命に導かれたんだ」と話すゴントナー。

日本酒にほれ込んだアウトサイダー三人の足跡を求めて、小西が率いるカメラチームはニューヨークの日本酒専門店、ロンドンのレストラン、ノースカロライナの日本酒ブルワリー、雪が舞う京都の酒蔵、稲そよぐ夏の岩手、新緑の古都鎌倉……と各地への旅を続けていく。

一九七一（昭和四十六）年生まれの小西未来は立教大学を卒業してから一九九五（平成七）年に渡米し、短編映画を作ったり、映画批評を書いたりしてきた。

海外では日本食レストランで会食することも多いが、「日本人なのに日本酒について知識が全くなく、苦手意識をずうっと持っていた」と語る。

そんなある日、ビバリーヒルズの豪邸で開かれた利き酒会で、「南部美人」の久慈浩介と知り合った。上手とはいえない英語ながら、身ぶり手ぶりで情熱的に日本酒の魅力を伝える姿を見て、いいドキュメンタリーができるかもしれない、と思いついたという。

世界を股に掛ける蔵元、久慈と並んで作品に登場してもらうのにふさわしい人材に誰がいるか。

小西の脳裏にまず浮かんだのは、京都府の久美浜町にある木下酒造で杜氏として働く英国人のフィリップ・ハーパーだ。

一九六六年にバーミンガムで生まれ、オックスフォード大学卒。「海外へ住みたい」と考え、一九八八（昭和六十三）年に英語教師として来日して大阪市内の学校に勤め、居酒屋へ通ううち日本酒のとりこになり、奈良県の梅乃宿酒造へ蔵人として入った。

ハーパーは、ここで濃厚で旨みのある酒造りを十年学んだ後、江戸末期の創業で「玉川」の名前で酒を出す木下酒造から二〇〇七（平成十九）年に杜氏として迎えられた。

三百年前の製法を復活させてアイスクリームに合う夏の酒「タイムマシン」を醸造するなど先入観にとらわれない自由な酒造りが話題になっている。

同様に小西が注目したのが、「日本酒伝道師」として国内外で日本酒のワークショップを開催して、日本酒の奥深い魅力を発信し続ける米国人ジャーナリストのジョン・ゴントナーだ。

一九六二年オハイオ州で生まれ、一九八八年にやはり英語教師として来日。翌年の元旦に同僚教師宅で味わった酒がきっかけで日本酒に魅了され、一九九四（平成六）年からジャパンタイムズで酒に関するコラムの連載を開始する一方、日本酒の海外での普及にもかかわってきた。

日本酒の国内消費はいつのころか減少傾向にあるが、これに比べて海外輸出は好調に推移している。

その理由は現地在住の日本人や日系人だけではなくて、寿司や刺身などの和食を好む外国人が日本酒を飲むようになってきているからだ、という。

日本料理（和食）が二〇一三（平成二十五）年にユネスコ（国連教育科学文化機関）に、自然を尊重する日本人の心を表現したものであり、伝統的な社会慣習として世代を越えて受け継がれている、として「無形文化遺産」に登録された影響も大きい。

この映画の主役三人は立場は異なりながらも、そうした日本酒の普及について海外で尽力してきたパイオニア的存在でもあったのだった。

被災地からの思わぬ訴え

小西未来はこの作品を作る際、東日本大震災について当初は盛り込む計画はなかった。その理由について映画のパンフレットの中で次のように説明している。

「震災をお涙頂戴のように使いたくないし、フードドキュメンタリーに社会性を盛り込むことで一部の観客を遠ざけてしまうリスクがあるからだ」という。

ところが、あの震災が起きた時、南部美人の久慈浩介本人は東京へ向かう東北新幹線が福島を出たトンネルの中にいて、それから二十四時間車内に閉じ込められた。

タクシーで盛岡からさらに北へ百キロ離れた二戸まで飛んで帰ると、酒蔵の煙突は半分に折れ、蔵の中も生産ラインこそ無事だったものの、あちこちが損壊し、目も当てることができない状態だった。

岩手県の沿岸部は津波で洗い流され、多くの人が亡くなり、そのショックで久慈自身も酒を造り続ける意欲すら失われようとしていた。

そんな時、陸前高田で亡くなった友人の父親から「あんたら生きてるだろう。命があるのだから息子の分も生き延びて、岩手をよくしてほしい」と言われ、ようやく目が覚めた。

震災が起きてまもなく、東京都の石原慎太郎知事が「津波を利用して日本人は我欲を洗い落とす必要がある。……天罰が下ったのだと思う」と感想を述べ、東北地方の心ある首長から「真面目に生きてきた我々がなぜ天罰を受けるのか。怒り心頭に発する」と猛反発を受け、謝罪に追い込まれた。

その後もこの国のリーダー気取りの知事は「この時期に花見で酒飲んでる時代じゃない」と発言し、上野公園に宴会自粛を求める看板を設置し、浅草の「三社祭」、夏の花火大会も次々と中止を決めていった。

夜の街は日本中どこも火が消えたような状態になっていた四月の初め、敢然と立ち上がったのが久慈浩介だったのである。

インターネットの動画サイトであるユーチューブを使って「被災地岩手からのお願い」として、「このままでは我々は経済的な二次被害を受けてしまいます。人々に元気と癒しを与える日本酒を飲んで、どうか東北を応援してください。自粛より花見を楽しんでください」と呼び掛けたのである。

被災地からの思わぬ訴えは大きな話題となり、過度の自粛による経済の停滞は被災地復

鈴木大介と東京農大同期の集まり。前列左から久慈浩介、新藤雅信。後列左から「天吹」の木下壮太郎、大介本人、「岩木正宗」の竹浪令晃、「会津娘」の高橋亘、「松乃井」の古澤布美子。2016年９月、傳農浩子提供

興の足かせになるとの認識が広がるきっかけを作ったのが久慈だったのである。

「このままでは東北の火が消えてしまう」

そんな久慈浩介にとって東京農大時代の親友の一人が、鈴木大介だった。

「『磐城壽』は海のすぐわきに蔵があるから絶対ヤバイ」と思った久慈は、東北新幹線のトンネルから外へ出てすぐ大介の携帯電話へ連絡を入れようとした。

だが、バッテリーがなくなっていて通じず、二戸の蔵へ戻って数日後、農大同級生で「雅山流」を醸す米沢の新藤雅信から「大介の一家はうちへ避難してきているから大丈夫だ」と連絡をもらい安心したのだった。

どこにいても陽気に振る舞い、饒舌な語り口の久慈浩介と比べ、地味で控えめなタイプの鈴木大介。

「自分の酒を分かってくれる人だけが呑んでくれれば、それで十分と思っている男が大介だった。郷里・浪江のため全国の酒販店を飛び回っている姿や、ヒーロー扱いされる奴の姿を見るのは正直つらいものもあります」と久慈はこぼす。

そんな鈴木大介と久慈浩介が震災後直接話ができたのは四月の初めになってからだった。浩介から「このままでは東北の火が消えてしまう。俺ユーチューブで東北の酒を飲んでくれと皆に訴えようと思うが、お前どう思う」と尋ねられた大介は「東北の酒市場を残すよう、やれる人間がやれることをやるべきだ」と答えたという。

そんな鈴木大介とフィリップ・ハーパーがかつて奈良県の梅乃宿酒造で四年間一緒に酒を造っていて、震災直後の大介一家のことを実の弟のように気に掛けていたことは以前にも触れたとおりだ。

久慈浩介とフィリップ・ハーパーの共通人脈に鈴木大介が浮かび上がってくると、監督の小西未来にしても映画『カンパイ！』をつくる作品の構図が当初から大きく変化せざるを得なくなってくる。

フードドキュメンタリーに社会性を盛り込むことはタブーと考えていた小西にとって、鈴木大介と被災地の福島県浪江町へ足を運び、映像を撮る体験は強烈で、精神的に最もきつかったという。

津波によって多くの人の生命が奪われ、原野に近い状態となった集落跡や亡くなった人々の記された慰霊碑を巡り、そこから北へ百キロ余り離れた山形県長井市で被災からわずか半年後に酒造りを再開するという鈴木酒造のダイナミックさ。

小西は「被災経験者の鈴木さんと久慈さんの体験を盛り込むことが出来た点はこの映画で最も誇りに思っている」と後にパンフレットの中で記している。

この作品の制作過程についても詳しい日本酒ライターの伝農浩子は「日本酒が海外でもなぜ人気があるのかを分かりやすく、まとめ上げた映画が完成したと思う」と振り返った上で、次のように続ける。

「三者三様の個性的な主役のドラマに、鈴木大介さんが登場することによって作品にさらに厚みが加わったと考える。小西監督にしても撮影を進めるうちに復興支援の重要さが頭に入ってきて、撮影した福島の被災地のコマはほとんどカットできなかったと聞いています。

当時の海外での日本酒人気の影には東日本大震災からの復興支援をという動きが米国を

はじめとする他の国でもあったので、その重要証人としての大介さんの存在は大きいものがあったと思うのです」

われただ足るを知る

ところで、東日本大震災が起きて岩手県陸前高田市に津波が押し寄せた時のＮＨＫテレビの映像を覚えている人は多いのではないか。「酔仙」と書かれた酒蔵の看板が濁流にのみこまれる衝撃的な場面に息をのんだ視聴者もいたことだろう。

その酔仙酒造で杜氏を務める金野泰明は、鈴木酒造店の鈴木荘司の東京農大時代の同級生である。学生時代、親しい付き合いがあったわけではないが、同じ被災蔵という意味では互いに意識し合う関係にあったといえよう。

金野は一九七六（昭和五十一）年、陸前高田市生まれ。東京農大醸造学科を卒業後、埼玉県蓮田市の神亀酒造で純米酒造りを九年間学んでから二〇〇七（平成十九）年に故郷にある酔仙酒造に入社した。

神亀時代に一緒だったのが、鈴木酒造で一時期働いていた長嶋貴彦で、意外なところで人脈は重なるものである。

酔仙は地元で取れたコメと地元の水で造る、「芳醇にして呑み飽きしない酒」を目指す酒蔵で、ホヤやサンマなど三陸の海の幸と相性がいい酒として定評がある。

地元出身の画家・佐藤華岳斎が「酔うて仙境に入るが如し」と讃えたことから酔仙の名前が付いたという。

震災が起きた二〇一一（平成二十三）年三月十一日は、酔仙酒造も浪江の鈴木酒造と同様、酒造りを終える「甑《こしき》倒し」の日だった。

酔仙酒造の金野泰明。震災遺品の酒樽と。2017年3月

「宴会の準備に走り回っていた時にグラグラッと激しい揺れが来た。屋根の瓦が崩れ落ち、フォークリフトが踊るのを見てこれは大きいと感じた。酒蔵は海から二キロ離れていたので津波は大丈夫と聞いていたが、三十分後に四階建ての建物が濁流にのみこまれてしまい、七人の従業員が帰らぬ人になりました」と金野は当時の様子を語る。

被災後まもなく、社長がメディアのインタビューに「蔵は必ず復活させる」と宣言したので、まず内陸の一関市に蔵を借りて三か月後には酒造りを再開させ、この年の十月一日に「雪っこ」という濁り酒を売り出したという。

「季節の看板酒を例年通りに販売することができ、地元では震災復興のシンボルのように言われ、うれしかった。今からもう一度同じことをやれ、と言われても絶対に無理というくらい皆で頑張ったのです」と金野は振り返る。


酔仙酒造は震災から一年半近くたって岩手県大船渡市の高台に新しい酒蔵を完成させた。陸前高田に蔵をつくりたかったが、土地の整理も思うように進まず、隣の大船渡を選ばざるを得なかった。故郷の蔵と同じ氷上山系の伏流水が使える点がありがたかったという。

復興当初は岩手県産のよそのコメを使っていたが、二〇一三（平成二十五）年春から陸前高田でも田植えが始まり、地元の小学生たちも稲刈りを手伝って、そうしてできたコメと地元の水で「多賀多《たかた》」という特別純米生酒などを醸している。

金野は被災して身に染みた言葉に「吾唯足知（われただ足るを知る）」という禅語がある。「欲望を膨らませてはならない。これで十分と思う心が大切という意味で、仮設住宅は狭くてもエアコンがあって快適だった。震災の次の年には結婚して女の子も生まれた。こんな幸せはないとしみじみと感じたものです」と語る。

震災前の酔仙酒造は焼酎なども造る総合的な地酒メーカーだったが、現在は日本酒だけに絞っている。「地酒が全国流通してその言葉の意味を失っている時代に、もっと地元で愛される酒に育てていきたい。そのためにも良い酒造りに励みたい、と思う毎日です」と金野は語っている。

そんな金野泰明と鈴木荘司が再会したのは、二〇一八（平成三十）年六月、東京農大近くのレストランで同窓会が開かれた時のことだ。

「実は話をしたのはこの時が初めてで、酔仙はメディアでも多く取り上げられていたので頑張ってほしいと思っていた。だけど、こっちも負けられないぞという気持ちもあった。互いに頑張ろうな、と話して別れました」と荘司は語る。

「酒の神様」との縁

鈴木酒造店が造る「磐城壽」が広く全国に知られるきっかけを作ったのは、神奈川県横須賀市の京急追浜《おっぱま》駅近くで酒を扱う掛田商店によってである。

かつての軍都・ヨコスカで八十年余り続く酒販店で、一九四〇（昭和十五）年生まれの掛田勝朗と長女の薫が全国を歩いて目利きし、納得のいく品質の純米酒や本格焼酎、沖縄の琉球泡盛などを店頭に並べる。

「日本の食文化を守るためには、作り手、販売者、消費者が同じフィールドに立つ必要がある」と考える掛田父娘は、酒の他に味噌や醤油、塩などの調味料や地方の食材も扱っていて、名古屋など遠方から新幹線に乗って酒を買い求めに来るファンもいるほどだ。

そんな掛田商店に鈴木酒造の「磐城壽」を紹介したのは、浪江町にあった紺野酒店の紺野昌則である。

紺野は一九五二（昭和二十七）年地元生まれで、現在は大阪府堺市で妻の葉子とワインレストランを開いて暮らしているが、震災に遭う前は浪江町役場の前で大きな酒販店を営んでいた。ワインのコレクターとしても定評があった。

越後の地酒「久保田」特約店でつくる久保田会のような集まりにも積極的に参加し、日本酒の世界を底上げする役割を果たしてきた。

「酒屋は商品をたくさん売ることが大事なのではなくて、酒蔵の気持ちを消費者に伝えることが務めと考える。『磐城壽』は酒造りに強い思いを持つ蔵なので、俺が『酒の神様』とまで慕う掛田さんにいい酒がありますよとだけお伝えした」と語る。

浪江へ帰って再び酒を造りたい、という鈴木大介については「お前の気持ちは痛いほどよく分かるが、酒を買う客には関係のないことだ。山形でひたすらうまい酒を造れ、福島原発からいまだ微量とはいえ放射線が出ているのに、その近くで作ったコメではどうにもならないだろう、と伝えているのですが」と話す。

掛田勝朗と薫が浪江の鈴木酒造店を初めて訪れたのは二〇〇〇（平成十二）年秋のことで、秋田こまちで醸した特別純米酒を飲ませてもらった。

「東北ではきれいなお酒が多い中で、『磐城壽』の旨みと酸の強烈さにほれ込みました。熟成させたらどんな酒になるかと楽しみに思うようになり、蔵へ何度かお邪魔するようになったのです」と掛田薫は語る。

掛田薫（右端）主宰の日本酒の会で。左端はフィリップ・ハーパー。2017年5月

以来、掛田商店が地方の蔵元を集める「一滴《ひとしずく》の会」のような酒の会には、鈴木大介にも参加してもらっている。

震災前年の二〇一〇（平成二十二）年には掛田商店の研修旅行で浪江の蔵を訪れ、掛田のプライベートブランドの純米酒を「延命丸」と名付けて造ってもらうことになったが、醸造中のタンクは津波に流されてしまった、という。

延命丸は鈴木酒造店が江戸の廻船問屋を営んでいた時代に所有していた一番大きな船の名前で、それを使わせたということからも掛田商店との距離の近さが伝わってくる。

東日本大震災が起きてから三か月後の二〇一一(平成二十三)年六月、「一滴の会」は被災地の蔵と一緒に「東酒じゃぶじゃぶ」というイベントを行った。

約二百五十人が参加したこの集まりには鈴木大介も招かれ、掛田商店がストックしていた「磐城壽」で乾杯をした。

「鎮魂の祈りを込めて皆で呑んだのです。この時、鈴木酒造が自分と長年のつながりがある山形県の長井市で酒を造るようになるとは思わなかった」と振り返るのは神奈川県横須賀市で居酒屋「百年の杜」を営む松尾康範だ。

『居酒屋おやじがタイで平和を考える』(コモンズ)の著書がある松尾は一九六九(昭和四十四)年、東京生まれ。一九九〇年代にタイの農村に滞在し、現地住民の暮らしを良くするために国際ボランティアとして飛び回り、二〇〇四(平成十六)年に帰国した。

こだわりの食べ物と酒を提供する店を経営しながら、アジア農民交流センターの事務局長を務める。

そんな松尾がタイで親しく交流していたのが、山形県長井市在住の農家で、置賜百姓交流会を作った菅野芳秀だ。

松尾より二十歳年上の菅野は成田空港反対闘争に加わった世代。長井の循環型有機農法であるレインボープラン主導者の一人でもあって、ニワトリ約一千羽をゲージ飼いしないで鶏舎の外でも遊ばせる自然卵養鶏を実践している。

その菅野が毎日晩酌に欠かせないほど気に入っている酒が磐城壽なのだ。「初めは被災地支援の気持ちから呑み始めたが、自分の体にこんなに合う旨い酒は初めてで、もう他の酒は呑めなくなってしまった」と賞賛する。

このレインボープラン堆肥を使って育てた「さわのはな」で醸した酒が東洋酒造の純米酒「甦る」で、蔵の経営を続けることが困難だったことは以前にも触れた。

そうした時に東日本大震災が起きて、「磐城壽」を醸す鈴木酒造店が長井へ移ってきて東洋酒造の「甦る」をも引き受けることになったのだった。

鈴木酒造が新たに造った純米吟醸の「甦る」について松尾康範は著書『タイで平和を考える』の中で、「本来生まれる必要のなかった酒。栓を開けた時、漂うその香りに世の中への静かな怒りを感じる」と書いた。

その真意について、松尾は次のように補足する。

「掛田さんの酒の会は人と人を結ぶ、楽しい集まりなのですが、鈴木大介さんははじめのころの数年、参加されても表情がとても硬かった。笑顔を見せながらも時に鋭い目つきをしていた。それほど震災から受けた心の傷跡は、僕たちでは想像できないほど大きかったのだろうということを感じたものです」

道の駅の目玉プロジェクト

さて、「磐城壽」をめぐる鈴木一家の物語も、本書ではいよいよ最終局面を迎える。

東日本大震災から八年と二か月。元号が平成から令和に変わった二〇一九年の五月二十六日、「道の駅なみえ」の起工式が浪江町役場のすぐ北側の建設予定地で行われた。震災と原発事故からの復興拠点として国、県、町が整備して、三万四千平方メートルの広大な敷地にフードコートやコンビニエンスストア、小型テナントなどが入った施設を約一年後の二〇二〇（令和二）年七月にオープンさせる予定だ。

この道の駅には大堀相馬焼の陶芸体験コーナーや日本酒の醸造所施設も建設予定で、吉田数博町長は起工式で「道の駅は復興のシンボル。交流人口の増加に期待したい。相馬焼の器で日本酒を呑んでもらえたら」とあいさつした。

鈴木酒造店はここで、一升瓶で年間五万三千本程度の酒を造る計画を立てており、そのために浪江での勤務者の公募も始めた。

鈴木酒造が建っていた請戸の海べりは津波で流された後、整地されていて、今では居住制限区域になっている。放射線レベルは低いが、海抜が低いために津波が再度襲来した場合、危険だからだ。

ここにかつて日本一海に近い「磐城壽」の酒蔵が建っていたことを偲ばせるよすがも今はない。

酒蔵の近くにあって鈴木市夫、大介、荘司、彦気の一家三代が通っていた請戸小学校は津波に襲われ、被災したままの形で残っていたが、この三月に福島県内で初の震災遺構となることが決まった。

海から約三百メートルの近さにある請戸小では校舎の外の壁には水平線を昇る朝日が描かれていて、まさに海辺の学校という感じ。崩れた内壁や流された窓ガラス、津波襲来時の三時三十八分を指したまま止まった時計などが残されていた。

浪江町は震災時全域避難となり、請戸小や町の中心部を含む一部が避難解除になるまで六年かかったので、岩手や宮城に比べ震災遺構保存に時間がかかったが、有識者検討会が「震災前の風景を感じさせる唯一残った建物で、地域のシンボルとなる」と結論づけたという。

変わらない光景といえば、請戸の海岸から遠くない距離に見える東京電力福島第一原子力発電所の排気塔やクレーンの重苦しい姿だけである。

浪江町は道の駅を造る際、目玉プロジェクトとして、施設内に全国的な知名度が高い鈴木酒造に入居してくれるよう求めていたのだった。

社長のポストを長男の大介に譲り、会長職に就いた鈴木市夫は浪江でも酒造り再開の目途が立ったことについて「ほっとした」と喜びながらも、「長井から片道三時間もかかるところで酒を造るのは大変なことの始まり。もう口を出す立場ではないので、息子たちのやることを見守っていきたい」と話した。

杜氏として鈴木酒造のリーダーを務める大介は「ようやく浪江へ帰る目途がついて、感無量です。自分の育った町へ恩返しをしたい気持ちもある。といっても、主力の酒はあくまでも長井で造りながら、ここでは粕取り焼酎と地元の果実を使って造るリキュールや薬草を入れる漢方の酒を造るあたりから始めていきたい」と語っている。

代わって弟の荘司は「蔵が建っていた元の場所へ戻れない以上、道の駅に入れたのは最善の策と思う。ここで造る酒を今浪江に住んでいる人や今後浪江に帰ってくる人たちに呑んでもらえたら」と話す。

この日に備えて、鈴木酒造店は「磐城壽」の醸造場所として、「福島県双葉郡浪江町請

戸　鈴木酒造店」「山形県長井市四ッ谷　鈴木酒造店長井蔵」の二つの住所を酒のラベルなどに記してきた。

震災と原発事故で奪われた青い空ときれいな水、稲のよく育つ大地。それらを取り返したい、との強い気持ちを持って鈴木酒造一家が遠く離れた山里の地で酒造りを続け八年余りがたった。

「以前はインパクトの強さが前面に出た港の男酒だったが、長井で造りを続けるうち酒質にクリア感が生じてきて、飲みごたえと酒に清らかな美しさを感じるようになった」と語るのは、酒食ジャーナリストの山本洋子である。

故郷の海辺でも酒造りが復活するとはいえ、さまざまな課題に直面するだろう。しかし、これまで鈴木大介、荘司の兄弟は時に激しくぶつかりながらも、家族が協力し合って前へ、前へと進んできた。大介の手元には旧知の酒販店から届けられた震災前の未開封の「磐城壽」の一升瓶がある。息子の彦気が成長して酒造りをやりたい、と言った時に栓を抜き、「これが浪江で造ってきたウチの酒だぞ」と言って呑ませるつもりだという。

令和の新時代、鈴木酒造の一家はこれからどんな道を歩んでゆくのか、今後のドラマにも期待して筆をおくことにしたい。

あとがき——日本一であり続ける意味

この作品を書き終えるに当たって最後の取材をするため、八月上旬の数日間、鈴木酒造店がかつて磐城壽を造っていた福島県浪江町と現在の移転先の山形県長井市を歩いてきた。浪江は本来ならJR常磐線で上野から北上できる町だが、東日本大震災により福島県内で不通区間があるため、仙台へ出てから、常磐線で二時間かけて南下する旅となった。

駅前に一台だけ停まっていたタクシーに乗って、大津波で流された請戸の集落を目指す。月見草の花が咲き乱れる原っぱのあちこちに土砂を盛った小高い山が築かれていた。放射性物質を除染した廃棄物を包んだ黒いビニールのフレコンバッグも目についた。

海べりを歩くと、「浪江町の復興は請戸漁港から」の大きな看板がかかった背の高い堤防が目に付いたが、その向こうにあった鈴木酒造店の跡は完全に姿を消していた。

地区の入り口にあった散乱した墓や慰霊碑はすべて片付けられ、後背地に当たる大平山に移され、新しい墓地が完成し、家族連れが線香と花を供えていた。

中心部の浪江町役場まで戻ると、近くにスーパーのイオンが七月に開店したばかりで、買い物も便利になっていた。

東京電力福島第一原子力発電所事故で、町民の約二万一千人が町外へ強制的に避難させられたが、放射線量は毎時〇・〇六マイクロ・シーベルトと福島市内と変わらないレベルまで下がっていて、現在約千人が町で暮らしているという。

鈴木酒造店が二〇二一（令和三）年に浪江へ戻って酒造りを再開する予定の道の駅の造成工事も進んでいた。

それでも、役場から浪江駅へ続くメインの通りでは閉店したままの商店やブルーシートに覆われた建物も多く、復興への道のりの厳しさを感じさせられた。

鈴木酒造一家の取材を続け、被災地・浪江の現状を見るにつけ、地域を破壊し尽くした原子力発電所の存在の罪深さを感じる。

このあとがきを執筆中の九月下旬、福島原発事故の刑事責任を問う裁判で、東京地裁は東京電力の旧経営陣三人に対し「津波予見は困難」「原発は絶対的安全性の確保を前提にしていない」などとして、無罪判決を言い渡した。

また十月に入って関西電力の会長、社長ら二十人が原発の再稼働をめぐり震災後の八年間に福井県高浜町の元助役から三億二千万円もの金品を受け取っていたスキャンダルが発覚し、主だった役員が辞任した。

あれほど深刻な重大事故を起こしても、誰も責任を問われることがない原子力発電所の存在。その原発を稼働させるウラでは巨額のダーティーマネーが飛び交うおぞましい現実。そうした原発を国のエネルギー政策の重要な柱にし続けることには無理があるというものだろう。

鈴木家の当主であり会長を務める市夫さん、長男で社長の大介さん、二男で酒造りのリーダー荘司さんと話をしていても、原発についてストレートな批判を聞くことはあまりなかった。

その辺の事情について一家と付き合いの長い知人は「東京電力も国も社会通念上の責任は取るべきだ、と言っていた。しかしそのことを口にしても何を今さらと、怒りと空しさで胸がいっぱいになるからだったのでは」と語る。

だが、今回の取材で大介さんと改めて話していて、印象に残る言葉があった。

なぜ、浪江産のコメと水で醸したランドマーク（指標）という酒を、地元で造らなければならないのか――。

「自分の息子の彦気は何も悪いことをしていないのに、原発の事故で愛する海辺の故郷を追われた。そして見知らぬ土地で苦労して育たざるを得なかった。浪江出身の多くの人が同じような悔しい経験をしているので、自分が酒を造ることで皆さんに自信をもってもらうためのお役に立ちたいと考えた。いや、実は、これは自分自身のためにやってきたことでもあるのです」

日ごろ、口数の少ない大介さんから聞いた、この時の言葉には正直胸を打たれた。

地元浪江の漁師のために酒を造っていればそれで十分幸せだった一家の生活が、原発事故で大きく運命を狂わされて故郷を後にせざるを得なくなる。

そして知り合いもいない新天地長井で信頼される酒を造るまでの孤独な道のりについて、私なりに少しは想像がつくからである。

というのは、東日本大震災が起きた年から三陸沿岸の漁業復興をテーマに現地を歩く取材を続けてきた。中でも原子力災害という困難な重荷を背負わされた福島の相馬地方には度々足を運び、試験操業に取り組む漁師たちから風評被害などにまつわる苦労話を聞いてきた。

その一方で、ほぼ同じ時期にプライベートな時間を見つけては、山形県長井市の鈴木酒造店へ通い、これら二つの取材を同時並行の形で進めてきたからである。

福島の水産再生については拙著『海と人と魚　日本漁業の最前線』（農山漁村文化協会）に詳しいので、目を通していただければある程度の全体像は分かると思う。

福島の原発事故はチェルノブイリを知る世界に与えた衝撃も大きく、安倍晋三首相が「復興五輪」などと名付けて、新東京五輪開催に浮かれていても、そんな場合ではないだろうと感じてきた。

そうした中で、頑張ってきたのが福島県内の日本酒を造る蔵元たちだ。全国新酒鑑評会で金賞受賞数が七年連続最多記録を打ち立てたのも「原発事故の風評を払拭するためにも、日本一であり続けることが大事」として、必死になって酒の品質向上に取り組んできたからだ。

福島県では十月の台風十九号で多くの酒蔵が被災しながらも、チーム福島として協力し合いながら再起を図っている。「タンクに一度に仕込む米の量が少なくなれば酒はおいしくなる」と言って明るさを失わないのが福島人のタフなところといえよう。

鈴木大介、荘司兄弟の酒造りもそうした力強い流れの一端に位置づけることができるだろう。私はこれまで純米酒やワイン、寿司、蕎麦など酒や食にまつわるノンフィクションを何冊か書いてきたが、これらはすべて平常時の場合のドラマであった。

本書は未曽有の災害に直面し、そこから立ち上がる激動の酒蔵ということで、それらとはかなり趣の違う作品にでき上がった。

フードドキュメンタリーに社会性を盛り込むと観客を遠ざけるリスクがある、と映像関係者が語っていたというエピソードを本書の中で取り上げたが、この作品はどう受けとめられるだろうか。

平成から令和に移った新時代を記念して、鈴木酒造店は五月に「磐城壽　純米大吟醸雪女神」を売り出した。

山形県で新しく開発された酒造好適米で、山田錦にも決して引けをとらない「雪女神」と、香りのたつ九号系の山形酵母KAを使用して醸した酒である。

魔性の女性にでも魂を奪われそうなネーミングだが、白身魚の刺身や野菜の炊き合わせなどに合う優しい酒という。

六年前の炎暑の夏、蟬時雨の降り注ぐ長井の蔵を初めて訪ねて以来、田植え、稲刈りの時を中心に春夏秋冬の水の町に足繁く通い、鈴木さん一家から聞き書きを重ねてきた。

途中で東京から宮崎へ転居したため、取材に思いのほか時間がかかったが、このたび、ようやく磐城壽のドラマを一冊の本にまとめ上げるに至った。

鈴木酒造の皆さんが体験された苦労を本書でどこまで正確に記すことができただろうか。いずれにしても本書で描いたドラマはその断片の一部でしかないのは言うまでもない。それでも、酒は力水という言葉の意味だけは伝えることができたのではないかと自負している。

東日本大震災から九年という節目のタイミングに本書を世に送り出すことができて、胸をなでおろしている。

取材を始めてから年月がたち、本文に書き加えることのできなかったこともある。本書の完成を待ち望んでいた磐城壽の応援団の一人、東京・湯島の居酒屋「大甒」店主小室修一さんが二〇一八年十二月、病気のため五十六歳で亡くなった。ご冥福をお祈りします。

鈴木市夫、スミヱご夫妻、大介、荘司兄弟をはじめ鈴木酒造関係者の皆さま、居酒屋ひょんの横田郁夫、鈴木貴子夫妻、その他多くの方々にお世話になりました。

長井で酒蔵取材をともにすることが多かったいわき市在住の映像作家・坂本博紀氏と、酒食ジャーナリストの山本洋子、山同敦子、伝農浩子の各氏からは適切なアドバイスと励ましをいただいた。

写真家の堀誠、渡辺和哉の両氏からは貴重な写真の提供を受けた。

そして一冊に取りまとめる際には、平凡社新書編集長の金澤智之氏とかつて『闘う純米

酒　神亀ひこ孫物語』を世に出してくださった同社OBの二宮善宏氏に面倒をみていただいた。

皆さま、本当にありがとうございました。

鈴木酒造の浪江での酒造り再開を祝い、酒蔵の今後の発展を願って、「雪女神」で乾杯いたしましょう。

二〇一九（令和元）年、師走の一日

宮崎・ニシタチの立ちのみ酒場「たたんぱ」にて磐城壽のしぼりたてを味わいながら

著者拝

参考・引用文献（五十音順）

あおき・ふみお『影法師「フクシマ」紀行　花は咲けども』（二〇一四年、ひなた村）
青木美希『地図から消される街——3・11後の「言ってはいけない真実」』（二〇一八年、講談社現代新書）
青田暁知『親父の小言——大聖寺暁仙和尚のことば』（二〇〇三年、阪急コミュニケーションズ）
朝日新聞いわき支局編『原発の現場——東電福島第一原発とその周辺』（一九八〇年、朝日ソノラマ）
朝日新聞特別報道部『プロメテウスの罠』（二〇一二〜一五年、学研パブリッシング）
上野敏彦『闘う純米酒　神亀ひこ孫物語』（二〇〇六年、平凡社）
大竹聡『酔っぱらいに贈る言葉』（二〇一九年、ちくま文庫）
NHK東日本大震災プロジェクト『証言記録 東日本大震災』（二〇一三年、NHK出版）
小口昭『長井線の今・昔　走れ!!フラワー長井線』（写真集、二〇一四年、ミキプロセス）
菅野芳秀『玉子と土といのちと』（二〇一〇年、創森社）
『ごんざい——長井の人と暮らしの手引き』（二〇一四年〜、長井市役所）
山同敦子『極上の酒を生む土と人　大地を醸す』（二〇一三年、講談社＋α文庫）
鈴木市夫『大字誌 ふるさと請戸』（二〇一八年、蕃山房）
鈴木孝一編『請戸小史』（浪江町教育委員会所蔵）
鈴木大介「東日本大震災からの事業再開を振り返って」「醸協」第百九巻第七号所収（二〇一四年）

瀬戸山玄「彼女のチカラ」(『暮しの手帖』二〇一七年早春号所収)
竹内早希子『奇跡の醤——陸前高田の老舗醤油蔵八木澤商店再生の物語』(二〇一六年、祥伝社)
『dancyu』魚と合う日本酒特集(二〇一七年三月号、プレジデント社)
『dancyu』日本酒2019年特集(二〇一九年三月号、プレジデント社)
『東北食べる通信』「特集　浪江をつなぐ、魂の酒」(二〇一五年一月号)
長井市史編纂委員会編『長井市史』(全四巻、一九八二~八六年)
長井市総務課編『長井市市勢要覧』(二〇一四年、長井市総務課)
長井市中央史談会三十五周年記念誌『写真で見る長井の昭和史』(二〇〇六年)
『ながい馬肉大全　馬肉と長井のウマい話』(二〇一四年、長井商工会議所)
浪江町郷土史研究会『浪江町近代百年史　第一集』(一九八四年)
浪江町史編集委員会編『浪江町史』(一九七四年、浪江町教育委員会)
浪江町史編纂委員会編『浪江町史 別巻Ⅱ 浪江町の民俗』(二〇〇八年、浪江町)
浪江町史編纂委員会編『浪江町の自然』(二〇〇三年、浪江町)
「日本の食生活全集福島」編集委員会『聞き書 福島の食事』(日本の食生活全集七、一九八七年、農山漁村文化協会)
「日本の食生活全集山形」編集委員会『聞き書 山形の食事』(日本の食生活全集六、一九八八年、農山漁村文化協会)
葉石かおり『東北美酒らん——しあわせを呼ぶ東北のお酒』(二〇一二年、角川書店)
福島民報社福島大百科事典発行本部編『福島大百科事典』(全二巻、一九八〇年、福島民報新聞社)

福島民報社編集局『福島と原発――誘致から大震災への50年』（二〇一三年、早稲田大学出版部）
福島民友新聞社編集局 企画・編集『ふくしま一世紀』（一九七六年、福島民友社）
布施哲也『福島原発の町と村』（二〇一一年、七つ森書館）
松尾康範『居酒屋おやじがタイで平和を考える』（二〇一八年、コモンズ）
山形県生涯学習文化財団編『もがみ川――記憶と再発見』（遊学館ブックス、二〇〇九年、山形県生涯学習文化財団）
山形県大百科事典事務局編『山形県大百科事典』（一九九三年、山形放送）
山形県長井市・レインボープラン推進協議会『台所と農業をつなぐ』（二〇〇一年、創森社）
山を考えるジャーナリストの会編『ルポ・東北の山と森――自然破壊の現場から』（一九九六年、緑風出版）
山本洋子『ゼロから分かる！ 図解 日本酒入門』（二〇一八年、世界文化社）
山本洋子「新日本酒紀行 第百九回 二つの故郷をつなぐ米の酒 磐城壽」（『週刊ダイヤモンド』二〇一九年四月二十日号）
吉田千亜「ルポ孤塁――消防士たちの3・11」（『世界』二〇一九年三月号所収）
吉原直樹『「原発さまの町」からの脱却』（二〇一三年、岩波書店）
映画『カンパイ！世界が恋する日本酒』パンフレット（二〇一五年、シンカ）

このほか、朝日、毎日、読売、産経、日経、東京新聞、河北新報、山形新聞、福島民友、福島民報、共同通信などの記事を参考にした。

【著者】
上野敏彦（うえの としひこ）
1955年神奈川県生まれ。記録作家、コラムニスト。横浜国立大学経済学部を卒業し、79年より共同通信記者。社会部次長、編集委員兼論説委員を経て、現在二度目の宮崎支局長。著書に『辛基秀 朝鮮通信使に掛ける夢――世界記憶遺産への旅』（明石書店）、『新版 闘う純米酒 神亀ひこ孫物語』『木村英造 淡水魚にかける夢』『闘う葡萄酒 都農ワイナリー伝説』『千年を耕す 椎葉焼き畑村紀行』『そば打ち一代 浅草・蕎亭大黒屋見聞録』（以上、平凡社）、『新編 塩釜すし哲物語』（ちくま文庫）、『神馬 京都・西陣の酒場日乗』（新宿書房）、『海と人と魚 日本漁業の最前線』（農山漁村文化協会）など。共著に『総理を夢見る男 東国原英夫と地方の反乱』（梧桐書院）などがある。

平凡社新書934

福島で酒をつくりたい
「磐城壽」復活の軌跡

発行日――2020年2月14日　初版第1刷

著者――上野敏彦
発行者――下中美都
発行所――株式会社平凡社
東京都千代田区神田神保町3-29　〒101-0051
電話　東京（03）3230-6580［編集］
　　　東京（03）3230-6573［営業］
振替　00180-0-29639
印刷・製本―図書印刷株式会社
装幀――菊地信義

ISBN978-4-582-85934-8
NDC 分類番号588.52　新書判（17.2cm）　総ページ288
平凡社ホームページ　https://www.heibonsha.co.jp/